Gerlinde Manz-Christ

Die Kunst des sanften Siegens

Gerlinde Manz-Christ

DIE KUNST DES SANFTEN SIEGENS

Erfolgreich mit Diplomatie

GOLDEGG VERLAG

Bildrechte Autorenfoto: Tres Camenzind
Bildrechte Umschlag: Denys Rudyi – fotolia.com

Der Verlag und seine Autoren sind für Reaktionen, Hinweise oder Meinungen dankbar. Bitte wenden Sie sich diesbezüglich an verlag@goldegg-verlag.com.

Der Goldegg Verlag achtet bei seinen Büchern und Magazinen auf nachhaltiges Produzieren. Goldegg Bücher sind umweltfreundlich produziert und orientieren sich in Materialien, Herstellungsorten, Arbeitsbedingungen und Produktionsformen an den Bedürfnissen von Gesellschaft und Umwelt.

ISBN Print: 978-3-902991-83-6
ISBN E-Book: 978-3-902991-84-3

Friedrichstraße 191 • D-10117 Berlin
Telefon: +49 800 505 43 76-0

Goldegg Verlag GmbH, Österreich
Mommsengasse 4/2 • A-1040 Wien
Telefon: +43 1 505 43 76-0

E-Mail: office@goldegg-verlag.com
www.goldegg-verlag.com

Layout, Satz und Herstellung: Goldegg Verlag GmbH, Wien
Druck und Bindung: CPI books GmbH, Leck

Inhaltsverzeichnis

Wo Wirtschaft Krieg ist, gibt es am Schluss nur Verlierer

„Business ist Krieg“ – so denken wohl viele, doch nur wenige sprechen diesen Satz offen aus. Über die Härte des Konkurrenzkampfs, die unser Wirtschaftsleben und die Arbeitswelt generell prägen, wird ungern geredet. Verhüllend ist von „Mitbewerbern“ statt von Konkurrenten die Rede, während die Sprache des Managements gleichzeitig von Kriegsmetaphorik durchzogen ist: Man will seine „Truppen hinter sich bringen“, um „Märkte zu erobern“ oder an der „Verkaufsfront“ in die „Rabattschlacht“ zu ziehen. Bereits Carl von Clausewitz, ein preußischer General zur Zeit der Allianz Österreichs, Russlands und Preußens gegen Napoleon, schrieb in seinem berühmten Buch *Vom Kriege,* besser als mit irgendeiner Kunst lasse sich der Krieg mit dem Handel vergleichen. Denn hier wie dort – im Krieg wie in der Wirtschaft – gehe es um einen „Konflikt menschlicher Interessen und Tätigkeiten“. Doch ist der Kampf die einzige Möglichkeit der Konfliktlösung? Braucht es Sieger und Besiegte, damit die Verhältnisse für eine Weile geklärt sind? In den meisten Lebensbereichen glauben wir das heute nicht mehr. Sollen wir ausgerechnet in der Wirtschaft, die vor großen Umbrüchen steht, um nachhaltig und zukunftsfähig zu werden, am Kampf festhalten? Nein, denn zügellose und destruktive Konkurrenz verzehrt Ressourcen und kennt am Schluss nur Verlierer. Immer mehr Menschen sehnen sich nach einem Ende des Businesskriegs. Sie ahnen, dass nachhaltiger geschäftlicher Erfolg in Zukunft nicht mehr gegeneinander, sondern nur noch miteinander möglich sein wird.

Die Diplomatie ist eine Kunst des sanften Siegens. Sie beherrscht es seit jeher geschickt, Kriege zu beenden und neue Kriege zu verhindern. Gute Diplomaten wissen, wie man für eigene Positionen wirbt, Bewegung in festgefahrene Verhandlungen bringt, unangenehme Botschaften richtig verpackt und erfolgreich Krisenprävention betreibt. Alle diese Fähigkeiten werden in der Wirtschaft der Zukunft dringend gebraucht. Immer mehr hervorragend ausgebildete, leistungsbereite Menschen wünschen sich eine Wirtschaft, in der sie einen Beitrag zu einem sinnvollen Ganzen leisten können. Materieller Erfolg und Menschlichkeit sollen keine Widersprüche sein – und müssen es auch nicht. Die Wirtschaft der Zukunft braucht mehr Diplomatie, um eine neue Kultur positiver Kommunikation und konstruktiver Konfliktlösung zu schaffen. Wo Menschen miteinander statt gegeneinander arbeiten, da entstehen nachhaltige Konzepte, mit denen die nächste Stufe der Globalisierung zur Chance wird statt zur Bedrohung.

Wie hilfreich Ansätze aus der Diplomatie auch für die Wirtschaft sind, habe ich erstmals auf eindrückliche Weise während meiner Zeit als Leiterin der Stabsstelle für internationale Kommunikation und damit de facto Regierungssprecherin des Fürstentums Liechtenstein erlebt. Innerhalb der damaligen „Stiftung Image Liechtenstein" diskutierten Vertreter der staatlichen Seite und der Privatwirtschaft über Möglichkeiten einer besseren Kommunikation für das Fürstentum nach außen. Liechtenstein wurde um das Jahr 2000 außerhalb der Region fast ausschließlich als Finanzplatz wahrgenommen, was der Realität des Industriestandorts mit etlichen Weltmarktführern in keiner Weise entsprach. Wie ließ sich das ändern?

Als ehemalige österreichische Diplomatin mit vielen Jahren internationaler Erfahrung fiel mir auf, dass etliche in der Diplomatie übliche Herangehensweisen in der Privatwirtschaft überhaupt nicht bekannt waren. Man setzte hier teilweise doch auf recht hemdsärmelige Methoden. Gleichzeitig musste ich zur Kenntnis nehmen, dass ich als Diplomatin offensichtlich eine andere Sprache sprach als die in der Wirtschaft übliche. Einigen der versammelten Unternehmer und Führungskräfte schien deshalb der Nutzen meiner Vorschläge manchmal nicht auf Anhieb klar zu sein. Auf diese Weise sensibilisiert, setzte ich mir während meiner Teilnahme am MBA-Programm „Leadership and Communication“ an der Technischen Universität München ein klares Ziel: Ich wollte die Sprache von Wirtschaft und Management genauso gut beherrschen wie die mir vertraute Sprache von Politik und Diplomatie. Heute verstehe ich mich als gewissermaßen „zweisprachige“ Diplomatin für Wirtschaft und Politik. In diesem Buch möchte ich zeigen, wie sehr die Wirtschaft auf ihrem Weg in eine nachhaltige Zukunft von den Erfahrungen der Diplomatie profitieren kann.

Um ein mögliches Missverständnis gleich zu Beginn auszuräumen: Ich habe nichts gegen Wettbewerb, solange er fair ist und zu herausragenden Leistungen motiviert. Wenn ich auf meine eigene Karriere zurückblicke, dann war ich selbst immer recht wettbewerbsorientiert: Gab es eine Position, die ich unbedingt haben wollte, und musste ich mich gegen andere Bewerber durchsetzen, dann habe ich mich dafür entsprechend angestrengt. Allerdings hätte es mir stets ferngelegen, Erfolge als Triumph auszukosten und andere schlecht dastehen zu lassen. Das Krebsgeschwür unserer heutigen Wirtschaft und Gesellschaft heißt nicht Wettbewerb, sondern es sind destruktive Konkurrenz sowie Mangel an Respekt vor Grenzen. Menschen reiben sich in unnötigen und letztlich selbstzerstörerischen Kämpfen auf – statt zu kooperieren und gemeinsam für eine lebenswerte Zukunft zu sorgen. Eine Zukunft, die wir nicht länger gegen die Natur durchsetzen, sondern im Einklang mit der Natur erschaffen.

Mit diesem Buch möchte ich Unternehmer und Führungskräfte, aber auch wirtschaftspolitisch Aktive und Interessierte und Mitarbeiter von NGOs, dazu inspirieren, auf der Basis von Selbstreflexion und ganzheitlicher Kommunikation effektive, sinnstiftende und nachhaltige Unternehmen und Organisationen zu schaffen. Dabei geht es mir um Wertschöpfung und vorzeigbare Erfolge stets genauso wie um innere Erfüllung und Freude für jeden einzelnen Menschen. Diplomatie ist dabei ein wesentlicher Schlüssel. Ich verstehe Diplomatie stets in jenem weiten Sinn, den der ehemalige britische Diplomat und Gelehrte Sir Ernest Satow einmal als eine Geschäftstätigkeit und Kommunikation zwischen Staaten mit friedlichen Mitteln – „the conduct of business by peaceful means“ – beschrieben hat. Mit all unseren Handlungen beeinflussen wir nicht nur unser unmittelbares Umfeld, sondern auch das große Ganze – sowohl bewusst wie auch unbewusst. Wer Business auf friedliche Weise betreibt, hat nicht nur langfristig mehr Erfolg, sondern trägt auch zu einer friedlicheren Welt bei. Was könnte es für Menschen in der heutigen Wirtschaft Sinnvolleres und Erfüllenderes geben?

Immer wieder bin ich am Rande meiner Vorträge und Seminare gefragt worden, ob ich von meinen vielen Erlebnissen aus rund drei Jahrzehnten internationaler Politik und Diplomatie nicht noch etwas mehr erzählen könnte. Auch diesem Wunsch möchte ich mit diesem Buch gerne entsprechen und gewähre meinen Leserinnen und Lesern einige Einblicke in den Alltag einer Diplomatin. Möge dieses Buch ganz im Sinne des antiken römischen Dichters Horaz „nützen und erfreuen“.

Schaan (Liechtenstein), im Frühjahr 2015

Dr. Gerlinde Manz-Christ, MBA

KAPITEL 1

Ebenenwechsel: Die Entdeckung des Menschen hinter der Rolle

Bill Clinton, der von 1993 bis 2001 US-Präsident war, schreibt in seiner Autobiografie: „Mein ganzes Leben lang habe ich mich für die Geschichten anderer Menschen interessiert. Ich wollte sie kennen, sie verstehen, sie fühlen." Damit bringt er eines der wichtigsten Erfolgsrezepte der Diplomatie auf den Punkt: Diplomaten sehen den ganzen Menschen und nicht allein die Rolle, die er in der Politik oder im Wirtschaftsleben einnimmt. Sie nehmen sich Zeit, um zwischenmenschliche Beziehungen aufzubauen und zu pflegen.

Ein gutes persönliches Einvernehmen mit einem Menschen in einer einflussreichen Rolle sorgt dafür, dass man auch auf der Sachebene schneller zu den gewünschten Ergebnissen kommt. Im Gegensatz zu Führungskräften der Wirtschaft werden Diplomaten schon während ihrer Ausbildung dafür sensibilisiert und richten sich dann meist ein Leben lang danach. Wenn ich auf meine eigene Karriere in der Diplomatie zurückblicke, dann fällt mir auf, dass ich diesen Grundsatz ganz natürlich verfolgt habe, ohne viel darüber nachzudenken. Aus heutiger Sicht bin ich davon überzeugt, dass ich durch die intensive Beschäftigung mit Menschen Dinge erreicht habe, die nicht oder zumindest nicht so schnell möglich gewesen wären, hätte ich mich allein auf die Funktion meines jeweiligen Gegenübers konzentriert. Dabei besteht der Lohn des Interesses an Menschen oft gar nicht in einem einzelnen, spektakulären Erfolg. Solche Durchbrüche gibt es zwar auch, denken Sie etwa an die Verhandlungen von Camp David im Jahr 1978, als der damalige US-Präsident Jimmy Carter die Regierungschefs der verfeindeten Staaten Israel und Ägypten, Menachem Begin und Anwar as-Sadat, in zwangloser Atmosphäre zu einem ersten Schritt der Aussöhnung bewog. Die persönlichen Gespräche in dem idyllischen Erholungsgebiet Catoctin Mountain in Maryland schufen die Basis für die Unterzeichnung des israelisch-ägyptischen Friedensvertrages vom März 1979. Viel mehr jedoch als solche weltpolitischen Ereignisse prägen den diplomatischen Alltag die kleinen Erfolge, die das Leben leichter, angenehmer und weniger belastend gestalten – oder für einzigartige Augenblicke sorgen, die in Erinnerung bleiben. Einige dieser mir unvergessenen Augenblicke möchte ich in diesem Kapitel mit Ihnen teilen.

Der Schlüssel zu Erfolgen auf vielen Ebenen ist für mich eine Liebe zum Menschen, eine Grundhaltung des Wohlwollens dem anderen gegenüber. Genau das vermisse ich in vielen Begegnungen und Gesprächen, seit mein Metier nicht mehr allein die klassische Diplomatie ist, sondern auch die „Business-Diplomatie", seit ich also Unternehmen berate. Nun können Sie zu recht einwenden, dass doch heute an den Arbeitsplätzen sowie bei Begegnungen mit

Geschäftspartnern längst Platz für Persönliches ist. Man betreibt Smalltalk, das heißt, man redet etwa über Sport, Reisen oder kulturelle Ereignisse. Manche sprechen auch ihre Familie an und erzählen beispielsweise beim Lunch von ihren Kindern. Das alles ist üblich und macht den zwischenmenschlichen Umgang in aller Regel angenehm. Und doch geht es hier nach meiner Beobachtung eher um den Menschen *neben* der Rolle als den Menschen *hinter* der Rolle. Was genau meine ich damit? Nach wie vor wird das sogenannte Privatleben als etwas betrachtet, das sich vom Berufsleben trennen lässt. Man redet kurz über Privates und schwenkt dann – scheinbar – wieder vollständig auf die Sachebene um. Dort soll es um objektivierbare Entscheidungen und messbare Ergebnisse gehen. Was mir fehlt, wenn ich es mit den Augen einer Diplomatin betrachte, ist die gelungene Integration von Rolle und Mensch in jeder Situation, bei allem beruflichen Handeln. Es gibt ja zum Beispiel nicht „den" CEO oder „den" Controller. Unbewusst schließen Menschen oft von der funktionalen Rolle auf die Persönlichkeit. Sie glauben dann zum Beispiel einen „typischen" Chef vor sich zu haben, und schauen gar nicht mehr genau hin. Doch erst wenn ich weiß, auf welche einzigartige Weise ein Mensch seine Rolle ausfüllt, erst wenn ich verstehe, wie er denkt und fühlt, welche Lebensgeschichte ihn geprägt hat und welche Werte ihn bei seinen Entscheidungen leiten, erst dann kann ich auch wissen, wie ich mit ihm umgehen muss, um das für alle Seiten bestmögliche Resultat zu erzielen.

Anders als in der Diplomatie scheint die Fähigkeit, bei beruflichen Begegnungen den Menschen hinter der Rolle wahrzunehmen, in der Businesswelt heute noch unterentwickelt zu sein. Wenn wir die Geschichte der Industriegesellschaft betrachten, uns insbesondere anschauen, wie im 19. und frühen 20. Jahrhundert die modernen Businessorganisationen entstanden sind, dann überrascht das nicht. Die Organisation erster Großbetriebe, wie sie der amerikanische Ingenieur und Begründer der Arbeitswissenschaft Frederick Winslow Taylor (1856–1915) beschrieben hat, richtete sich nach dem Vorbild des Militärs. Taylor selbst forderte zum Beispiel ausdrücklich, der einzelne Mitarbeiter dürfe immer nur so viel über seine Arbeit wissen, wie zur Erledigung der unmittelbar anstehenden Aufgabe notwendig sei. Jeder selbstständige Gedanke über das große Ganze sei nicht nur überflüssig, sondern würde Effizienz und Effektivität der Organisation bereits reduzieren. Darin besteht eine direkte Parallele zum damaligen Militär, wo der einzelne Soldat strikter Befehlsempfänger war und die Taktik der Offiziere deren Geheimnis blieb.

Was die militärische Organisationsform ebenso auszeichnete wie die sparsame Weitergabe von Informationen, war eine geradezu systematische Eliminierung des menschlichen Individualismus. Uniformen, stundenlange Appelle, Marschieren im Gleichschritt und weitere möglichst einheitliche Bewegungsabläufe dienten seit der frühen Neuzeit dazu, den Menschen als Individuum weitgehend verschwinden zu lassen. Der einzelne Soldat sollte ja idealerweise einen Feind in einer gegnerischen Uniform sehen und gerade kein Individuum mit Gedanken, Gefühlen und einer persönlichen Geschichte. Hätte ein Soldat voller Mitgefühl auf seinen Gegner geblickt, hätte er in ihm etwa denselben armen Bauernsohn gesehen, wie er selbst einer war, dann drohte seine natürliche Tötungshemmung übermächtig zu werden. Diese auszuschalten war ein wesentliches Ziel militärischen Drills. In einer Schlüsselszene des Films *Im Westen nichts Neues* (1930), nach dem gleichnamigen Roman von Erich Maria Remarque, verbringt ein junger deutscher Soldat in einem Schützengraben des Ersten Weltkriegs unfreiwillig eine Nacht an der Seite eines schwer verwundeten Franzosen. Die erschütternde Nähe zu dem langsam Sterbenden macht für den jungen Deutschen aus dem uniformierten Feind wieder einen Menschen.

Solange unsere Wirtschaft Züge eines globalen Krieges besitzt, solange nach militärischem Vorbild organisierte, hierarchische Businessorganisationen in einem Verdrängungs- und Vernichtungswettbewerb gegeneinander antreten, nimmt es nicht wunder, dass die Menschen hinter den funktionalen Rollen keine besondere Aufmerksamkeit erfahren. Die Wirtschaft der Zukunft – und diese Zukunft hat längst begonnen – wird jedoch ganz anderen Gesetzen folgen als denen des neuzeitlichen Krieges. Sie wird darauf zielen, in kooperativen Netzwerken Situationen zu schaffen, die für alle Beteiligten Gewinn bringen, und nicht etwa nur für den Stärksten, der sich durchsetzt. Die Wirtschaft der Zukunft wird das Maximum des kreativen Potenzials der Menschheit heben müssen, um Wohlstand und einen schonenden Umgang mit den Ressourcen der Natur zu verbinden. Mitarbeiter einer neuen Generation sind heute schon immer weniger bereit, Befehlsempfänger zu sein – sie wollen mitdenken, mitgestalten und Sinnerfahrungen machen. Für alles das ist es entscheidend, den Menschen hinter der Rolle zu sehen. Hier können Führungskräfte der Wirtschaft sich von Diplomaten inspirieren lassen, da Letztere nicht nur seit jeher die Kunst beherrschen, Kriege zu beenden, sondern auch schon lange zwischenmenschliche Beziehungen als Basis ihres Erfolgs betrachten und entsprechend pflegen.

Inauguration Party oder: Was Bill Clinton von Angela Merkel unterscheidet

Vielleicht fragen Sie sich, nachdem Sie die ersten Absätze gelesen haben: Woher soll ich die Zeit nehmen, mich mit jedem Menschen, der mir über den Weg läuft, intensiv zu beschäftigen? Natürlich bedeutet es eine gewisse Investition an Zeit, Menschen überhaupt erst einmal kennenzulernen und später dann für ihre Belange ein offenes Ohr zu haben. Ich behaupte jedoch, dass der Faktor Zeit bei der Frage, ob ich den Menschen hinter einer Rolle sehe oder nicht, gar nicht entscheidend ist. Es ist viel mehr eine Frage der Grundhaltung, des Interesses an Menschen und der prinzipiellen Offenheit für andere. Lassen Sie mich, um das zu veranschaulichen, von zwei kurzen Begegnungen berichten, die sich in mein Gedächtnis eingebrannt haben. Die erste Begegnung war mit dem damaligen US-Präsidenten Bill Clinton, kurz nach seiner Wiederwahl für eine zweite Amtszeit. Die Amtseinführung eines amerikanischen Präsidenten, die sogenannte Inauguration, ist ein demokratisches Ritual, an dem das gesamte politische und diplomatische Washington intensiv Anteil nimmt. Seit 1937 ist der Tag der Amtseinführung, der Inauguration Day, stets der 20. Januar nach einer Präsidentenwahl. Im Anschluss an den öffentlichen Amtseid vor einem Komitee aus Senatoren und Mitgliedern des Repräsentantenhauses hält der Präsident seine traditionelle Antrittsrede, die Inaugural Address. Das beendet den hochoffiziellen Teil, jedoch nicht die Feierlichkeiten. In der ganzen Stadt gibt es Partys und Bälle, auf denen Politiker, Diplomaten, Journalisten sowie zahllose Gäste aus Wirtschaft und Gesellschaft feiern. Der Präsident fährt im Laufe des Abends zu möglichst vielen dieser Veranstaltungen, und wie Sie sich sicher denken können, wollen dort fast alle dem Staatsoberhaupt zumindest kurz die Hand geben, um zu gratulieren.

Als österreichische Diplomatin war ich am 20. Januar 1997 auf einer Inauguration Party und traf Bill Clinton. Wir waren uns nie zuvor begegnet und er hatte keine Ahnung, wer ich war, woher ich kam und wo ich arbeitete. An einem solchen Abend wäre auch überhaupt keine Zeit, dem Präsidenten jeden einzelnen Gast korrekt vorzustellen. Bill Clinton strahlte, sah mir in die Augen und gab mir die Hand. Und obwohl er an diesem Abend wohl schon Tausende Hände fremder Menschen geschüttelt hatte, spürte ich, wie er mich in diesem Moment als Menschen wahrnahm. Er gab mir das Gefühl, dass nur ich in diesem kurzen Augenblick für ihn wichtig war. Für ein paar Sekunden war er mit seiner gesammelten Aufmerksamkeit bei mir. Wenn mich heute jemand fragt, was für mich Charisma bedeutet, dann erinnere ich mich sofort an diese Begegnung. Charismatische Menschen sind in der Lage, anderen jederzeit ihre konzentrierte Aufmerksamkeit zu schenken und ihnen damit das Gefühl zu geben, als Person zu zählen. Bill Clinton kannte meine funktionale Rolle in der Diplomatie nicht, doch er brauchte dieses Wissen auch gar nicht, um mir auf der menschlichen Ebene mit ungekünstelter Herzlichkeit zu begegnen.

Vollkommen anders verlief meine erste Begegnung mit der späteren deutschen Bundeskanzlerin Angela Merkel am 16. Oktober 2003 beim Focus-Fest in Berlin. Hubert Burda, der Verleger des deutschen Nachrichtenmagazins Focus, hatte wie jedes Jahr fast 1.500 Prominente aus Politik, Wirtschaft und Medien zu einer großen Party eingeladen; ein gesellschaftliches Ereignis ersten Ranges in der deutschen Hauptstadt. Angela Merkel hatte zwar bei der Bundestagswahl im Jahr zuvor dem glücklosen Bayern Edmund Stoiber als Kanzlerkandidaten den Vortritt gelassen, galt aber als Bundesvorsitzende der CDU und Oppositionsführerin im Bundestag längst als mächtigste Frau der deutschen Politik und ziemlich sichere künftige Bundeskanzlerin. Obwohl ich Frau Merkel auf dem Fest ordnungsgemäß vorgestellt wurde und sie sogar für ein gemeinsames Foto in die Kamera lächelte, gab sie mir das Gefühl, für sie Luft zu sein. Ihr ausdrucksloser Blick schien geradewegs durch mich hindurchzugehen. Ich konnte mich des Eindrucks nicht erwehren, dass sie mit ihren Gedanken ganz woanders war.

Wenn ich heute diese beiden Begegnungen vergleiche, dann ist mir klar: Um den Menschen hinter einer Rolle zu sehen, brauche ich mich nicht erst stundenlang mit jemandem zu beschäftigen. Es genügen manchmal schon ein paar Sekunden echter Aufmerksamkeit, und der Kontakt ist hergestellt. Komme ich als Beraterin in Unternehmen, dann fallen mir dort manchmal zwei ganz unterschiedliche Typen von Führungskräften auf. Der eine läuft morgens mit einem regelrechten Tunnelblick durch die Gänge zu seinem Büro, in dem er sich dann für den Rest des Tages – oder bis zu einem externen Termin – verschanzt. In manchen Unternehmen gibt es sogar einen Lift, den Manager mit einem Schlüssel oder einer Codekarte auf Durchfahrt bis in die Chefetage schalten können. So vermeiden sie unterwegs jeden Kontakt mit einfachen Mitarbeitern. Der andere Typ, oft als Unternehmer oder Geschäftsführer im Mittelstand anzutreffen, macht es genau umgekehrt: Immer, wenn er in die Firma kommt, sucht er erst einmal den Kontakt zur Belegschaft. Er läuft durch Flure, macht vielleicht sogar einen Schlenker durch eine Montagehalle, sagt überall Hallo und schüttelt Hände. Auf Französisch heißt solch ein Chef *le patron* – und das klingt für mich durchaus anerkennend. Für den anderen hier skizzierten Managertyp wäre Händeschütteln pure Zeitverschwendung. Doch Führungskräfte, die sich die Zeit für solche kleinen Gesten nehmen, wissen meist intuitiv, wie sehr sich diese Investition lohnt. Indem sie einen Mitarbeiter für einen kurzen Moment als Menschen sehen und ihm ihre gesammelte Aufmerksamkeit schenken, sorgen sie auf die Dauer für mehr Verbundenheit und eine positivere Grundstimmung am Arbeitsplatz, als es so manches teure Motivationsseminar erreichen könnte. Ich kann jede Führungskraft nur ermutigen, genügend Zeit in die Beschäftigung mit Menschen zu investieren. Die Produktivität steigt und zahllose Konflikte lassen sich vermeiden. Kommt es doch einmal zu Reibereien, besteht zumindest eine vertrauensvolle Basis für rasche Lösungen.

Die Wirtschaft der Zukunft wird den ganzen Menschen fordern. Nach einem berühmt gewordenen Bonmot soll Henry Ford einst geklagt haben, wenn immer er zwei Hände einstelle, bekäme er einen ganzen Menschen. Die Zeit des „Fordismus“ geht nun unwiederbringlich zu Ende. Zukunftsforscher schätzen, dass in den nächsten 20 Jahren durch fortschreitende Automatisierung noch einmal mindestens ein Drittel der heutigen menschlichen Arbeit wegfallen könnte. Wir brauchen in Zukunft immer weniger fleißige Hände und immer mehr kreative Köpfe. Die körperliche Arbeit in der alten Industriegesellschaft ließ sich relativ leicht erzwingen, da Menschen Hunger hatten und etwas zu essen brauchten. Gute Ideen lassen sich jedoch kaum erzwingen. Sie setzen voraus, dass der ganze Mensch sich bei der Arbeit wohlfühlt, sich einbringt und sich engagiert. Hören wir endlich auf damit, abends zum Coach oder zum Therapeuten zu gehen, dort unser Herz auszuschütten und dann am nächsten Tag im Büro wieder eine Rolle zu spielen. Manche glauben immer noch, die Trennung von Mensch und Funktion sei „professionell“. In Wirklichkeit ist sie ebenso unnatürlich wie unproduktiv und führt zu Stress, Konflikten und enormen Reibungsverlusten.

Was Diplomaten bereits wissen und Manager lernen können

Der Botschafter eines der kleinsten Länder Europas gehört zu den am besten vernetzten Diplomaten in Washington. Hätten Sie das für möglich gehalten? Wenn der Regierungschef dieses Botschafters in die Hauptstadt der größten ökonomischen Macht der Welt fliegt – dazu muss er sich bereits auf europäischem Boden ins Ausland begeben, denn sein Land besitzt nicht einmal einen internationalen Flughafen –, dann öffnen sich dem Politiker dort wie selbstverständlich Türen, hinter die selbst ein deutscher Bundeskanzler oder amtierender Präsident der EU-Kommission nicht ohne weiteres gelangt. Dafür hat der örtliche Botschafter durch sein Networking gesorgt. Wie schafft dieser Diplomat das? An seiner funktionalen Rolle kann es kaum liegen, denn der kleine Staat, den er als Diplomat repräsentiert, ist für Washington ökonomisch und geopolitisch eher uninteressant. Es liegt bestimmt auch nicht an seiner Schulung, denn er ist streng genommen nicht einmal ausgebildeter Diplomat, da er nie eine Diplomatenschule von innen gesehen hat. Am wenigsten kann es an seinen Dossiers liegen, seinen fachlichen Berichten. Die schickt er zwar regelmäßig an seine Regierung in der Heimat – doch das tun die Botschafter aller anderen in Washington vertretenen Staaten auch. Nein, dieser Mann, den ich seit Jahren gut kenne, beschäftigt sich leidenschaftlich gern mit all den Menschen in Washington. Das ist in meinen Augen sein Erfolgsrezept.

Mittlerweile könnte Ihnen der Botschafter zu Hunderten, die in den Hallen der Macht Amerikas ein- und ausgehen, eine Geschichte erzählen – mal eine kleine und mal eine größere. Er kennt die Lieblingsthemen und Herzensangelegenheiten der meisten Leute, denen er beruflich schon einmal begegnet ist. Meistens weiß er auch einiges über ihre Familien, ihren Werdegang, ja sogar ihre Kindheit. Er weiß das nicht aus Zufall, sondern weil er sich für Menschen brennend interessiert, empathisch ist, sich selbst öffnet und gut zuhören kann. So herzlich er mit Menschen umgeht, so geschickt ist er auf der anderen Seite als Diplomat. Keineswegs verlässt er sich allein auf sein Gedächtnis, was das Wissen über andere Personen angeht. Nach einem Gespräch mit einem wichtigen Kontakt macht er sich nie nur fachliche Notizen, sondern widmet ebenso viel Zeit der Beschreibung der Person und allem, was ihm aufgefallen ist.

Dieser Botschafter in Washington wendet letztlich nur besonders konsequent an, was die meisten Diplomaten bereits in ihrer Ausbildung mitbekommen, und wenn nicht, dann später intuitiv beherrschen lernen. Da das Notizenmachen während vertraulicher Gespräche ein Verstoß gegen die Etikette wäre, gehören Gedächtnisprotokolle zum diplomatischen Handwerkszeug. Dabei ist es allgemein üblich, dass wir Diplomaten nicht nur Fakten, sondern auch unsere persönlichen Beobachtungen und Eindrücke aus dem Gedächtnis notieren. Da geht es dann zum Beispiel um Vorlieben oder Hobbys eines Gesprächspartners, die bei der nächsten Begegnung den Gesprächseinstieg erleichtern können. Auch wie eine Person spricht, ob sie nervös wirkt oder in sich ruhend, wohlwollend oder misstrauisch, hemdsärmelig und jovial oder förmlich-distanziert, kann von Interesse sein. Anhand solcher Aufzeichnungen können sich auch Kollegen, die diese Person noch nicht kennen, vor der ersten Begegnung besser auf sie einstellen. Da diese Notizen ausschließlich für den internen Gebrauch bestimmt sind und der strengen Geheimhaltung unterliegen, können die gewählten Formulierungen hin und wieder auch einmal eher undiplomatisch ausfallen. Wenn solche wenig diplomatischen Notizen dann versehentlich an die Öffentlichkeit geraten, ist der Skandal perfekt. Dabei möchte ich betonen, dass meine österreichischen Kollegen und ich auch intern stets so formuliert haben, dass eine Indiskretion niemanden kompromittiert hätte. Doch Diplomaten sind auch nur Menschen, und fast jedem rutscht einmal eine unglückliche Formulierung heraus. Die Boulevardpresse freut sich naturgemäß diebisch, wenn ihr heikle Notizen zugespielt werden. Im Fall einer Veröffentlichung sind die betroffenen Diplomaten blamiert.

So enthüllte etwa die Internetplattform Wikileaks im Jahr 2010 streng geheime Aufzeichnungen über deutsche Politiker, die US-Botschafter Philip D. Murphy an Präsident Obama geschickt haben soll. Prompt fanden sich seine ausgesprochen delikaten Einschätzungen in der *Bild*-Zeitung wieder. Horst Seehofer sei „unberechenbar", Wolfgang Schäuble „ein zorniger alter Mann" und Angela Merkel „selten kreativ", zitierte Deutschlands größte Boulevardzeitung Wikileaks. Allerdings waren sich auch die *New York Times* und der britische *Guardian*, zwei hoch angesehene Blätter, nicht zu schade, aus den für die USA höchst peinlichen Protokollen zu zitieren. Bundeskanzlerin Merkel hatte, laut der Medienberichte, in der US-Botschaft den Spitznamen „Angela Teflon", da sie alle Probleme an sich abgleiten lasse. In der Schweiz gab es vier Jahre später einen ähnlichen Skandal. Hier soll die schwedische Botschaft unter den Abgeordneten des Nationalrats intensives Lobbying für die heimische Rüstungsindustrie betrieben haben. Die Schweden wollten den Eidgenossen nur allzu gerne ihr Kampfflugzeug Saab 39 „Gripen" verkaufen – ein Milliardengeschäft. Im April 2014 veröffentlichte die *Neue Zürcher Zeitung* geheime Protokolle, die aus der schwedischen Botschaft in Bern nach Stockholm übermittelt worden sein sollen. Auch darin findet sich Pikantes, etwa die Einschätzung, der Schweizer Verteidigungsminister Ueli Maurer neige zu „Beleidigungen" und leiste sich häufig „Patzer".

Ich habe bereits erwähnt, dass für mich persönlich eine Liebe zu Menschen und eine wohlwollende Grundhaltung dem anderen gegenüber die Basis für gelungene zwischenmenschliche Kontakte bildet. Es genügt in meinen Augen nicht, sich mit anderen Menschen zu beschäftigen, sondern diese Beschäftigung sollte stets wertschätzend sein und nicht zu vorschnellen Bewertungen kommen. Wenn sich Politiker oder Manager zwar mit ihrem Gegenüber als Menschen beschäftigen, dabei aber in erster Linie auf Schwächen lauern und diese dann später mit maliziösen Formulierungen belegen, ist für ein produktives Miteinander noch nichts gewonnen. Ich möchte ganz bestimmt nicht, dass meine persönlichen Notizen jemals an die Öffentlichkeit geraten, doch würde ich sie stets so wohlwollend formulieren, dass sie im Zweifel auch die Betroffenen lesen können, ohne danach erst einmal einen Whisky zu benötigen. Dabei treibt mich weniger die Angst vor Bloßstellung als vielmehr der Wunsch, anderen gegenüber wohlwollend zu bleiben, auch wenn diese gerade physisch abwesend sind.

Oft erhalte ich innerhalb kürzester Zeit Termine – auch für andere Personen –, auf die manch anderer lange warten muss. Das gelingt mir, weil ich jemanden nie nur in seiner offiziellen Position anspreche, sondern immer auch auf der menschlichen Ebene an einem guten Einvernehmen arbeite. Dabei habe ich es während meiner Karriere durchaus erlebt, dass der gute zwischenmenschliche Umgang auf eine harte Probe gestellt werden kann. Das diplomatische Geschäft bedeutet auch in Friedenszeiten nicht immer eitel Sonnenschein, selbst wenn es bei offiziellen Anlässen natürlich stets höflich und korrekt zugeht. Jeder kennt zum Beispiel aus den Medien die Maßnahme der Einbestellung eines Botschafters bei einem zwischenstaatlichen Konflikt, was für den betroffenen Diplomaten einem Canossagang gleichkommen kann. Oft erwartet den aus Protest einbestellten Botschafter eine eisige Atmosphäre, mit der er gelassen umgehen muss. „Wenn eine Regierung einen Botschafter einbestellt, ist das immer auch ein innenpolitisches Signal", sagt der deutsche Politiker Ruprecht Polenz, der von 2005 bis 2013 Vorsitzender des Auswärtigen Ausschusses des Deutschen Bundestages war. So hat die Prozedur zuweilen den Charakter einer Inszenierung für die Medien, und der Diplomat muss gute Miene zum bösen Spiel machen.

Eine ausgesprochen komplizierte Gemengelage zwischen Innen- und Außenpolitik erlebte ich während meiner Zeit als stellvertretende Protokollchefin in Wien zwischen Ende August 1999 und Februar 2001. Bei der österreichischen Nationalratswahl am 3. Oktober 1999 errang die rechtspopulistische FPÖ 52 Mandate und damit ebenso viele wie die christdemokratische ÖVP. Die Sozialdemokraten von der SPÖ und die Grünen kamen auf 65 beziehungsweise 14 Mandate und schickten damit gemeinsam 25 Abgeordnete weniger in das Wiener Parlament als die beiden Parteien rechts der Mitte. So kam es nach langem Tauziehen um die Regierungsbildung zum Bruch der großen Koalition und zur Bildung einer Regierung aus ÖVP und FPÖ unter Bundeskanzler Wolfgang Schüssel (ÖVP). Die neue Koalition löste internationale Proteste aus, da die FPÖ bei vielen Beobachtern im Ausland als rechtsextreme Partei galt. Selbst Regierungen von EU-Staaten stellten diplomatische und politische Kontakte mit Österreich vorübergehend ein. Nicht wenige Österreicher empfanden diese Reaktion als überzogen. Andererseits kam es auch auf den Straßen Wiens zu regelmäßigen Protesten empörter Gegner der neuen Regierungskoalition.

Wenn eine Situation dermaßen eskaliert, helfen vertrauensvolle zwischenmenschliche Beziehungen mehr als alles andere. Die äußeren Umstände belasteten die Mitarbeitenden der Protokollabteilung des Außenministeriums sehr. Die Anspannung war jederzeit spürbar. In dieser Situation war es extrem hilfreich, in der Abteilung selbst die menschliche Ebene zu pflegen, um professionell erfolgreich agieren zu können. Viele persönliche Gespräche gaben Gelegenheit, sich den Kummer von der Seele zu reden, Druck abzubauen und neuen Mut zu fassen. Was die Lage nicht eben einfacher machte, waren Eitelkeiten und Machtkämpfe, die zwischen der Präsidentschaftskanzlei und dem Außenministerium aufkamen. Außenministerin Benita Ferrero-Waldner, die wegen der internationalen Proteste gegen ihre Regierung selbst bei engen Partnern in der EU einen schweren Stand hatte, und Margot Klestil-Löffler, die Gattin von Bundespräsident Thomas Klestil, hatten nicht das beste Einvernehmen. Pikanterweise war die First Lady als Diplomatin im Außenministerium angestellt, erblickte aber in der Ministerin kaum noch ihre Vorgesetzte. Im Rahmen von Staatsbesuchen hatte unsere Abteilung mit beiden Institutionen zu tun und musste Interessen ausgleichen und vermitteln. Ohne eine hohe Sensibilität für das, was sich da auf der menschlichen Ebene abspielte, wäre ein solcher Ausgleich überhaupt nicht möglich gewesen. Es hilft manchmal, im Privatleben schon einmal einen Familienstreit erlebt zu haben. Das ist eine gute Schule für solche Fälle. Auch bei verfeindeten Verwandten weiß jeder: Nicht dem einen recht geben und dem anderen unrecht, nicht hier freundlicher sein als dort – und vor allen Dingen die strittigen Fragen als Gesprächsthemen so gut es geht vermeiden.

Gerade bei Druck von außen zahlt es sich aus, wenn Sie in ruhigen Zeiten in die Pflege zwischenmenschlicher Beziehungen in Ihrem Unternehmen oder Ihrer Abteilung investiert haben. So lässt sich der Druck abmildern und alle gemeinsam sind in der Lage, weiterhin kraftvoll zu agieren. Leider sehe ich in Unternehmen oft das Gegenteil: Unter Druck wird auf Zahlen, Daten und Fakten gepocht und die Mitarbeiter sollen nun vor allem funktionieren und ihre Projekte energisch vorantreiben. Wo Druck jedoch kein Ventil findet und unangenehme Erlebnisse nicht gemeinsam verarbeitet werden, da gelingt es den Mitarbeitern auch selten, Reserven zu mobilisieren. Eine verbreitete Unsitte ist es auch, in der Krise zunächst einen Verantwortlichen als sogenanntes „Bauernopfer“ zu entlassen, statt die Situation gemeinsam durchzustehen. Durch Entlassungen und ähnlichen Aktionismus entsteht nur noch mehr Verunsicherung, und im Extremfall kommt eine regelrechte Negativspirale in Gang. Diplomaten machen es genau umgekehrt: In schwierigen Situationen investieren sie in persönliche Gespräche hinter den Kulissen, statt diese zurückzufahren. Sie achten auf Zwischentöne, nehmen Enttäuschungen und Verletzungen auf der menschlichen Ebene ernst und vermeiden es, zusätzlich Öl ins Feuer zu gießen.

Menschlichkeit als gemeinsame Sprache aller Kulturen

Wenn ich Führungskräfte aus Wirtschaft oder Politik in meinen Vorträgen und Seminaren ermutige, mehr den Menschen hinter den Rollen zu sehen und zwischenmenschliche Beziehungen zu pflegen, dann höre ich manchmal den Einwand, es sei doch vollkommen von der Kultur abhängig, ob die menschliche Ebene geschätzt werde oder nicht. So sprach ich vor einiger Zeit in Berlin mit einer Südamerikanerin, die berichtete, wie sehr sie sich daran gewöhnen musste, dass die Menschen in Europa nicht so offen für den Austausch über Privates seien, wie sie das in ihrem Heimatland gewohnt war. Manche Manager befürchten auch, in einer fremden Kultur, beispielsweise in Asien, in lauter Fettnäpfchen zu treten, und geben sich deshalb betont zugeknöpft. Tatsächlich kursieren ja in der Wirtschaftspresse immer wieder kleine Horrorgeschichten, die davon handeln, wie beispielsweise ein Chinese ein in Europa ganz normales Verhalten bereits als Beleidigung werten könnte. Führungskräfte erhalten in interkulturellen Trainings Ratschläge wie: „Sagen Sie einem Asiaten gegenüber niemals Nein, er verliert sonst sein Gesicht."

Interkulturelle Kompetenz ist im heutigen Geschäftsleben fraglos sehr wichtig. Wenn Sie regelmäßig mit Geschäftspartnern aus anderen Kulturen zu tun haben, dann ist es klug, sich mit den Gepflogenheiten dieser Kultur zu beschäftigen: Welche Rituale gibt es bei der Begrüßung? Wie laufen Meetings ab? Wie werden E-Mails formuliert und wie Telefonate geführt? Alles das ist gut zu wissen. Dabei können Gepflogenheiten nicht nur zwischen Kulturen oder Ländern, sondern sogar zwischen einzelnen Städten und Regionen variieren. Von der britischen Zeitschrift *The Economist* gibt es eine Serie von Audio-Podcasts, die Geschäftsreisende mit den Bräuchen der wichtigsten Businessmetropolen der Welt vertraut macht. Da können Manager zum Beispiel lernen, dass es in San Francisco und der Bay Area, einschließlich dem Silicon Valley, kaum ein Thema gibt, über das man sich nicht beim Smalltalk offen austauschen könnte – ganz im Gegensatz zu vielen anderen Metropolen der USA, wo bestimmte Gesprächsthemen tabu sind.

So wichtig interkulturelle Kompetenz ist, so sehr warne ich vor übertriebener Befangenheit. Die Angst, Fehler zu machen, sollte nicht dazu führen, die menschliche Ebene komplett auszublenden. Menschlichkeit ist eine universelle Sprache aller Kulturen. Mögen die Sitten und Gebräuche noch so unterschiedlich sein, kenne ich doch keine Kultur, in der Herzlichkeit und das Bemühen um einen echten zwischenmenschlichen Kontakt nicht geschätzt würden. Egal, aus welcher Kultur ein Gesprächspartner stammt – meistens spürt doch unser Gegenüber, ob wir befangen sind und aus Angst vor Fehlern Nähe vermeiden oder ob wir uns öffnen wollen und an einem guten Einvernehmen interessiert sind. Wer merkt, dass der andere sich für ihn als Menschen interessiert, der wird sich meist ebenfalls öffnen und versuchen, zum anderen über kulturelle Schranken hinweg eine Brücke zu bauen. Ich erinnere mich zum Beispiel gut an ein Abendessen mit einer indischen Journalistin während meiner Zeit im diplomatischen Dienst. Die Begegnung begann ausgesprochen förmlich und recht kühl. Im Laufe des Abends öffneten wir uns jedoch Stück für Stück für den jeweils anderen. Wir lachten gemeinsam immer mehr und gingen am Schluss fast als Freunde auseinander.

Neulich während eines Workshops wollten die Teilnehmenden ganz konkrete Anweisungen von mir hören, wie sie die zwischenmenschliche Ebene besser pflegen können und was dabei insbesondere gegenüber Angehörigen fremder Kulturen zu beachten sei. Statt ihnen die gewünschten „Checklisten" zu liefern, forderte ich die Teilnehmenden zu einem Umdenken auf: Menschen mit

Offenheit, Neugier und Sensibilität zu begegnen ist viel wichtiger, als möglichst viele Knigge-Regeln im Kopf zu haben. Es gibt nun einmal kein starres Drehbuch für den richtigen Umgang mit Menschen. Es braucht den Mut, sich aufeinander einzulassen, Erfahrungen zu machen und daraus zu lernen. Wenn ich meine diplomatische Laufbahn Revue passieren lasse, dann habe ich mich immer auf mein Bauchgefühl verlassen und hatte keine Scheu, unkonventionelle Wege zu beschreiten, wenn ich das Gefühl hatte, damit den beteiligten Menschen am besten gerecht zu werden.

Ich erinnere mich zum Beispiel sehr gut an einen Besuch des damaligen Präsidenten des Vorarlberger Landtags während meiner Zeit als Presse- und Kulturattaché Österreichs in Israel. Korrekt wäre es gewesen, den österreichischen Landespolitiker am Flughafen von Tel Aviv abzuholen. Das schaffte ich jedoch nicht, da ich zeitgleich in Jerusalem ein Konzert mit einem Vorarlberger Orchester eröffnen musste. Also habe ich meine Vorarlberger Mutter, die gerade bei mir in Israel zu Besuch war, mit dem Chauffeur zum Flughafen geschickt. Protokollarisch war das kaum vertretbar, aber menschlich erschien es mir genau das Richtige. Ich verließ mich auf mein Bauchgefühl. Während der Autofahrt plauderte meine Mutter angeregt mit dem Ehrengast aus der Heimat, den ich dann kurze Zeit später bei der bereits laufenden Konzertveranstaltung persönlich begrüßen konnte. Nach dem Ende seiner Reise schickte mir der Landtagspräsident einen Dankesbrief, in dem er ausdrücklich erwähnte, er habe es als „besonders liebe Geste" empfunden, dass ich meine Mutter zu seiner Abholung zum Flugplatz geschickt hätte. Meine Mutter sei auch herzlich eingeladen, ihn einmal im Landhaus in Bregenz zu besuchen. Wenn ich mir zu viele Sorgen um das Protokoll gemacht hätte, dann wäre dieser herzliche persönliche Kontakt überhaupt nicht zustande gekommen.

Selbst bei Begegnungen mit den einflussreichsten politischen Führern dieser Welt habe ich mir nie übertriebene Gedanken über richtig und falsch gemacht, sondern lieber meinem in langjähriger Übung verfeinerten Gespür für Menschen vertraut. So auch, als es im Oktober 1999 meine Aufgabe als stellvertretende Protokollchefin im österreichischen Außenministerium war, Palästinenserführer Jassir Arafat vom Auto zum Büro des damaligen Bundeskanzlers Viktor Klima zu begleiten. Der Weg führte von der Vorfahrt am Wiener Ballhausplatz durch die langen Gänge des Bundeskanzleramts hinauf in die Beletage, also in den ersten Stock, wo die Räume am höchsten sind. Nach seiner Begegnung mit dem Bundeskanzler begleitete ich Arafat wieder zurück zum Auto. Bis heute besitze ich ein Foto, das Arafat und mich Seite an Seite in einem der schier endlosen Flure zeigt. Wir beide lächeln, während der Tross des hohen Besuchs mit ernster Miene folgt. Ich kann mich nicht mehr genau an die Worte Arafats erinnern, doch ich weiß noch, dass er äußerst charmant war, wir Nettigkeiten austauschten und ich es bedauerte, dass die Gänge des Bundeskanzleramtes nicht noch länger waren. Wir sahen uns zwar nicht in die Augen, denn das wäre protokollarisch nicht richtig gewesen, doch das tat der Begegnung von Mensch zu Mensch keinen Abbruch.

Die Sprache des Herzens versteht jeder Mensch auf dieser Welt. Selbstverständlich genügt diese Sprache allein in der Diplomatie nicht, und so wird denn bereits in der diplomatischen Ausbildung großes Gewicht auf das Erlernen von Fremdsprachen gelegt. Mehrere Sprachen möglichst gut zu beherrschen erleichtert es enorm, zu Menschen aus aller Welt einen persönlichen Kontakt aufzubauen. Ich empfehle deshalb auch Führungskräften der Wirtschaft, sich über das heute unabdingbare Businessenglisch hinaus mit Fremdsprachen zu beschäftigen. Allein das sorgfältige Erlernen einer fremden Sprache weitet den Geist und macht offen für andere Menschen und Kulturen. Dass Fremdsprachen auf einer Diplomatenschule eine große Rolle spielen, können Sie sich sicher leicht vorstellen. Weniger bekannt ist, dass Diplomaten besonders darin geschult werden, auch in fremden Sprachen Zwischentöne herauszuhören. Wenn Sie wirklich gute Kontakte knüpfen und in schwierigen Situationen geschickt kommunizieren wollen, dann genügt es nicht, den Wortsinn einer Aussage in einer fremden Sprache zu verstehen. Sie müssen vielmehr in der Lage sein, auch Stimmungen wie etwa Zweifel, Verärgerung, Erleichterung oder Furcht herauszuhören.

Die Sprache bezeichnen einige als das wichtigste Arbeitsinstrument von Diplomaten überhaupt. Immer wieder geht es um Zuhören, Lesen, Schreiben, Reden und Verhandeln. Der Erfolg diplomatischer Bemühungen basiert auf einer Sprache, die ebenso empathisch wie exakt ist. Entgegen einem gängigen Vorurteil ist die Sprache der Diplomatie nicht wolkig und verhüllend, sondern um Exaktheit bemüht. Als Juristin weiß ich, dass sprachliche Exaktheit manchmal auf den ersten Blick umständlich wirken kann. Weder in der Rechtspflege noch in der Diplomatie geht es jedoch um Verschleierung, sondern um Verbindlichkeit. Zuhören, Lesen, Schreiben, Reden und Verhandeln – das ist letztlich ebenso sehr das Handwerkszeug von Managern wie von Diplomaten. Allerdings wird im Management nach wie vor viel weniger Gewicht auf Sprachkompetenz gelegt als in der Diplomatie. Selbst furchtbar schlechtes Englisch gilt mancherorts als verzeihlich, solange ein Manager nur gute Zahlen abliefert. Ich kann Führungskräften nur raten, sich intensiv um die Sprache zu bemühen, und zwar sowohl um ihre Muttersprache als auch um diverse Fremdsprachen. Die Sprache ist ein entscheidender Schlüssel zur Verständigung der Kulturen und zum Aufbau gelungener zwischenmenschlicher Beziehungen.

Menschen bleiben immer dieselben Menschen, egal welche Rolle sie einnehmen und in welches Amt sie gewählt oder befördert werden. Es gibt gewiss bestimmte Rollenklischees über Politiker, Journalisten, Vorstände oder Gewerkschafter. Klischees sind nichts grundsätzlich Falsches, denn meistens ist an ihnen ja etwas dran und sie ermöglichen eine erste Orientierung. Schwierig wird es erst, wenn jemand das Klischee einer Rolle mit dem Menschen dahinter verwechselt. Jeder Mensch füllt seine Rolle auf seine eigene, unverwechselbare Weise aus. Ein Global Player wie Apple zum Beispiel hatte in den letzten Jahren mit Steve Jobs und Tim Cook zwei CEOs, wie sie vom Charakter her unterschiedlicher kaum sein könnten, und es wäre eine Illusion zu glauben, dies hätte keinerlei Auswirkungen auf die Geschäftspolitik gehabt. Wenn Sie mit Managern und Mitarbeitern eines Unternehmens persönlich zu tun haben, kann es erfolgsentscheidend sein, den Menschen hinter der Rolle korrekt einzuschätzen. Ich kann jeden im Business nur ermutigen, sich als Mensch zu zeigen und den anderen als Menschen kennenzulernen. Wo dies nicht geschieht, da können zwischenmenschliche Konflikte und Missverständnisse die Sacharbeit fast vollständig blockieren.

So habe ich innerhalb einer großen Organisation einmal eine PR-Abteilung mit rund 30 Mitarbeitern kennengelernt, die durch permanenten Streit geradezu gelähmt war. Wie im Bereich Öffentlichkeitsarbeit üblich, arbeiteten dort intelligente und kreative Individualisten mit höchst unterschiedlichen Fähigkeiten. Ihre Aufgabe wäre es gewesen, sich gegenseitig zu ergänzen und an einem Strang zu ziehen. Doch eine ebenso selbstgefällige wie schwerfällige und oft krankgeschriebene Mitarbeiterin spaltete die Abteilung in zwei Lager: Die einen verteidigten sie, die anderen waren gegen sie. Das führte dazu, dass es immer mehr Streit gab und die Arbeitsmoral der gesamten Abteilung immer mehr sank. Obwohl es für Außenstehende völlig offensichtlich war, was sich hier auf der menschlichen Ebene abspielte, suchten die Mitarbeiter selbst die Lösung für ihre Probleme stets nur auf der Sachebene. Ohne Erfolg. Hätten alle sich als Menschen gezeigt und offen darüber gesprochen, was sie wirklich ärgert oder bedrückt, wäre das der erste Schritt zur Lösung gewesen.

Umgekehrt habe ich in Organisationen glückliche Menschen erlebt, die mit ihrer positiven Ausstrahlung alle anderen angesteckt und motiviert haben. Damit meine ich keineswegs Menschen, die ihr glückliches Privatleben ständig wie eine Trophäe vor sich hertragen und dafür Anerkennung und Bewunderung erwarten. Vielmehr denke ich an zufriedene Menschen, die in gewisser Weise in sich ruhen und aus dieser Ruhe und Gelassenheit heraus mit anderen gemeinsam kraftvoll agieren können. Im Idealfall ist ihnen die vollständige Integration von Mensch und Rolle gelungen. Sie versuchen nicht, ein bestimmtes Image zu projizieren, sondern sind einfach sie selbst, ohne sich über ihre Wirkung permanent Gedanken zu machen. Einige dieser Menschen treten förmlich und korrekt auf, andere eher jovial. Es kommt nicht darauf an, wie sie auftreten, sondern dass sie sich so geben, wie es ihrem innersten Wesen entspricht.

Wir leben in einer Zeit der räumlichen und sozialen Mobilität. Das führt dazu, dass immer mehr Menschen auf Positionen kommen, für die sie nicht ausgebildet sind oder für die sie aufgrund ihrer sozialen oder kulturellen Herkunft nicht unbedingt von Anfang an prädestiniert waren. Ich kenne Menschen, die sich aus kleinsten Verhältnissen an die Spitze von Organisationen hochgearbeitet haben, und ich spüre genau, ob sie sich selbst treu geblieben sind oder versuchen, die Codes einer bestimmten Herkunft mehr oder weniger geschickt nachzuahmen. Auf der anderen Seite habe ich während meiner Zeit im Wiener Außenministerium den einen oder anderen Limousinen-Chauffeur oder Taxifahrer mit akademischer Bildung kennengelernt. Das waren ausgewiesene Kulturkenner und somit interessantere Gesprächspartner zu den neuesten Opernpremieren als so mancher Diplomat. Den Menschen hinter der Rolle zu sehen bedeutet auch, dem jeweiligen Werdegang mit Wertschätzung zu begegnen und neugierig zu sein auf das, was jemand an einzigartigen Erfahrungen in seinen Job einbringt. Je mehr ich über Menschen und Kulturen weiß, desto leichter fällt es mir, einen Anknüpfungspunkt zu finden.

Immer wieder ist es beglückend, wenn aus einem Interesse an dem Menschen hinter einer Rolle ein echter persönlicher Kontakt wird, und dieser mir oder der anderen Person dann vielleicht eines Tages eine Tür öffnet, die normalerweise verschlossen geblieben wäre. Es ist ein Geben und Nehmen für beide Seiten. So lernte ich während meiner Zeit in New York die Malerin und Bildhauerin Daisy Berman kennen. Es gelang mir, für sie eine Ausstellung in Wien zu organisieren. Ein Unterfangen, um das sie sich schon jahrelang erfolglos bemüht hatte. Als sie mich zu diesem Thema erstmals ansprach, habe ich das zunächst rein professionell behandelt. Ich habe Kontakte nach Wien vermittelt und offizielle Anfragen gestellt. Erst als es Daisy Berman gelang, mich als Mensch anzusprechen, als sie mein Herz berührte und nicht nur meinen Kopf als Diplomatin erreichte, habe ich mich ebenso mit Herzblut für ihre Ausstellung in Wien eingesetzt. Der Umweg über mein Herz gelang Daisy Berman durch meine kleine Tochter, die sie im Frühjahr 1995 in ihr Atelier eingeladen hatte, wo sie sich nach Herzenslust mit Pinsel und Palette austoben durfte. Noch heute besitze ich Fotos, die meine Tochter mit ihren selbst gemalten Bildern zeigen. Daisy Berman und die kleine Katharina scheinen verschwörerische Blicke auszutauschen. Immer wieder können diese Fotos ein Lächeln in mein Gesicht zaubern.

KAPITEL 2

Gewinnwarnung: Langfristige Beziehung schlägt kurzfristigen Erfolg

„Diplomaten ärgern sich nie – sie machen sich Notizen", sagte Charles Maurice de Talleyrand, ein französischer Staatsmann, der von 1754 bis 1838 lebte. Das war natürlich eine sehr ironische Bemerkung. Doch sie hat einen wahren Kern: Diplomaten beurteilen eine Situation nie aus dem Augenblick heraus. Sie bevorzugen einen geduldigen, auf langfristigen Ertrag zielenden Beziehungsaufbau. Das unterscheidet sie grundlegend von den meisten heutigen Businessleuten.

Diplomaten tun oft Dinge, die in den meisten heutigen Unternehmen nahezu undenkbar sind. So besteht etwa ein großer Teil des diplomatischen Alltags aus Aktivitäten, die keinen sofortigen Gewinn abwerfen, ja bei denen der mögliche Ertrag im Voraus nicht einmal genau zu beziffern ist. Mitunter erweist sich erst nach Jahren, wie klug eine bestimmte Investition von Zeit und Ressourcen tatsächlich war. Bei der Kontaktpflege, die heute als Networking auch im Geschäftsleben zum Pflichtprogramm gehört, zeigt sich das besonders deutlich. Wir Diplomaten pflegen fortlaufend Kontakte, ohne einer bestimmten Person das Gefühl zu geben, unmittelbar etwas von ihr zu wollen. Selbstverständlich überlegen wir uns genau, welcher Kontakt für uns nützlich sein könnte und was unser Interesse an diesem Kontakt ist. Doch wir haben Geduld und lassen die menschliche Ebene zu ihrem Recht kommen. In der Diplomatie nehmen wir uns Zeit für andere Menschen, treffen sie nach Möglichkeit persönlich, hören ihnen zu, geben Informationen an sie weiter – überlegt und dosiert übrigens, niemals zufällig – und behalten gleichzeitig im Blick, was uns das alles eines Tages einbringen könnte. Vielleicht entsteht einmal buchstäblich über Nacht eine schwierige Situation, in der ein alter Bekannter eine Schlüsselrolle bei der Lösung spielen könnte. Bei anderen Menschen, mit denen wir in Verbindung sind, bricht der Kontakt möglicherweise auch ab. Ganz so, wie es wohl jeder aus dem privaten Umfeld kennt. Kein Diplomat würde sich in diesem Fall ärgern, eine Fehlinvestition getätigt zu haben. In der Diplomatie wissen wir, dass wir den Nutzen unseres Networkings nicht kurzfristig betrachten dürfen. Deshalb bauen Diplomaten zu möglichst vielen Menschen mit Potenzial eine langfristige Beziehung auf.

In diesem geduldigen, auf langfristigen Ertrag zielenden Beziehungsaufbau unterscheiden sich Diplomaten grundlegend von den meisten heutigen Businessleuten. Im Businesskrieg, wie er zur Stunde noch weltweit tobt, kommt es darauf an, die nächste Schlacht zu gewinnen – an der Verkaufsfront, beim Ringen um einen Branchentarifvertrag oder beim Kampf gegen eine feindliche Übernahme. Auch Generäle motivieren ihre Truppen von Schlacht zu Schlacht – wäre den Soldaten jederzeit bewusst, dass sie sich in einem Stellungskrieg mit ungewissem Ausgang befinden, hätte dies fatale Auswirkungen auf die Moral. Im globalen Hyperwettbewerb scheint die Investition in langfristige zwischenmenschliche Beziehungen wenig gefragt zu sein. Unternehmen wollen loyale Kunden – und präsentieren ihnen in Callcentern bei jedem Anruf einen neuen Mitarbeiter, dem das Problem wieder von vorn geschildert werden darf. Unternehmen wollen motivierte Mitarbeiter – und gleichzeitig schwärmt das Management vom „atmenden Unternehmen", in dem Arbeitnehmer je nach Auftragslage kommen und gehen.

Manche Manager sind inzwischen dazu übergegangen, Besprechungen nur noch im Stehen abzuhalten. Diese unangenehme Haltung soll die Mitarbeiter daran erinnern, dass Zeit Geld ist. Sie sollen so schnell wie möglich zum Punkt kommen und dann wieder gehen und produktiv sein. Es gibt sogar Führungskräfte, deren Gesprächseröffnung selbst bei eher informellen Begegnungen stets aus derselben Frage besteht: „Was ist das Ziel unseres Gesprächs?" Zunächst eine angenehme Gesprächsatmosphäre zu schaffen, ja vielleicht zwischen den Zeilen eines Smalltalks erst einmal herauszuhören, wie die Stimmung ist, interessiert sie nicht. Wir Diplomaten würden einen Gesprächspartner niemals damit brüskieren, dass er gleich zu Beginn des Gesprächs seine Ziele definieren soll. Wir wissen, dass der andere Ziele hat, denn wir selbst haben ja auch welche. Deshalb zwingen wir unser Gegenüber jedoch noch lange nicht dazu, uns aufzuzeigen, welchen konkreten Nutzen wir davon haben, uns eine Dreiviertelstunde lang mit ihm zu unterhalten. Denn das signalisiert der anderen Person: Kannst du mir keinen schnellen Ertrag garantieren, betrachte ich es als Zeitverschwendung, mit dir zu reden.

Eine solche Art des kurzfristigen Nutzenkalküls prägt die innere Haltung einer ganzen Generation global agierender Manager. Die Folgen sehen dann beispielsweise so aus: Da wird bei einem Lieferanten in knallharten

Verhandlungsrunden immer wieder der Preis gedrückt. Es zählt allein der kurzfristige Kostenvorteil. Der Lieferant kann mit diesen Abgabepreisen am Ende nicht überleben und meldet Insolvenz an. Erst jetzt merkt der Abnehmer, dass er selbst auch Lieferant ist, nämlich für seine Kunden. Er gerät in Lieferschwierigkeiten, muss die verärgerten Kunden beschwichtigen, sich auf eine teure Übergangslösung einlassen und dann mühsam einen neuen Lieferanten suchen. Das alles kostet unter dem Strich viel mehr Geld, als in den Preisrunden eingespart wurde. Jede Schlacht gewonnen – und doch den Krieg verloren. Ich behaupte: Diplomaten können so etwas besser!

Österreich, die Nazis und eine alte Dame in New York

Das österreichische Generalkonsulat in New York befindet sich in einem jener historischen Reihenhäuser aus Backstein, wie sie so typisch sind für die Großstädte an der amerikanischen Ostküste. Es liegt an der Upper East Side, zwischen Park Avenue und Madison Avenue. In der unmittelbaren Nähe sind Boutiquen von Luxuslabels wie Gucci oder Michael Kors, großzügige Appartements mit Blick über den Central Park sowie etliche kulturelle Institutionen. Das schmale, vierstöckige Gebäude wirkt gediegen, gemessen an der exquisiten Lage jedoch geradezu schlicht. Weiße Fensterrahmen und Fensterläden kontrastieren reizvoll mit roten Ziegeln. Einzig ein antikisierender Portikus um die Eingangstür aus dunklem Holz verleiht der Fassade einen Hauch von Erhabenheit. Hier war Mitte der Neunzigerjahre mein Arbeitsplatz als stellvertretende Generalkonsulin. Jeden Morgen gegen halb neun betrat ich zunächst den unteren Empfangsraum für den Parteienverkehr, wo täglich etwa vierzig oder fünfzig Personen hauptsächlich in Visa- oder Passangelegenheiten vorsprachen. Oft sparte ich mir den Lift und gelangte über die historische Stiege zunächst in den ersten Stock, die Beletage des Hauses für offizielle Anlässe, dann in den zweiten Stock, wo sich das Büro des Generalkonsuls befand, und schließlich zu meinem Schreibtisch im dritten Stock.

Alles in allem haben die meisten Mitarbeiter in einem Konsulat geregelte Arbeitszeiten. Die wesentlichen Aufgaben werden vom Schreibtisch aus erledigt. Da ist viel Bürokratie mit dabei, und der Job ist oft weniger aufregend, als Außenstehende es sich vorstellen mögen. Allerdings gehörte ich gemeinsam mit dem Generalkonsul und noch zwei weiteren Kollegen zu jenen Mitarbeitern, die praktisch jeden Abend noch bis zehn oder elf Uhr unterwegs waren – sei es, um österreichische Staatsbürger zu betreuen, sei es, um Veranstaltungen der USA oder anderer Gesandtschaften zu besuchen. Nun, bis jetzt klingt das vielleicht nach einem ausnahmslos annehmlichen Alltag, der sich zwischen ein wenig Papierkram, Shopping an der Fifth Avenue und abendlichem Champagnertrinken auf Empfängen abspielt. Doch dieser Eindruck täuscht, denn es gab eine andere Seite der Medaille: Die politische Situation war für uns als Vertreter Österreichs in New York zu dieser Zeit durchaus angespannt.

Bei der Nationalratswahl 1994 hatte die rechtspopulistische FPÖ unter ihrem Vorsitzenden Jörg Haider 22,5 Prozent der Stimmen erhalten und war mit 42 Abgeordneten in das Parlament an der Wiener Ringstraße eingezogen. Bei der Europawahl 1996 erreichte die FPÖ dann mit 27,5 Prozent der abgegebenen Stimmen sogar ihr Allzeithoch. Nicht nur die Europäer waren besorgt über den Aufstieg einer Partei, der Nähe zum Rechtsextremismus und mangelnde Distanz zur nationalsozialistischen Vergangenheit vorgeworfen wurde. Auch die US-Medien berichteten prominent und extrem kritisch über die Entwicklung. Jörg Haider erschien auf den Titelseiten sowohl von *Time* als auch von *Newsweek*, und die *New York Times* hielt ihre Leser über alles auf dem Laufenden, was sich in Wien bezüglich Haider und FPÖ tat. Hinzu kam eine hitzige Debatte über die Rückgabe der von den Nationalsozialisten geraubten Kulturschätze österreichisch-jüdischer Emigranten. Österreichische Regierungen waren hier – aus mancherlei Gründen – leider über viele Jahre untätig geblieben. Die große Koalition unter Bundeskanzler Franz Vranitzky brachte nun endlich ein Restitutionsgesetz auf den Weg, das sämtliche noch offenen Fragen regeln sollte. In unserem Konsulatsbezirk, der nicht nur New York City umfasste, sondern auch Upstate New York und sämtliche Neuenglandstaaten bis zur kanadischen Grenze, waren wir davon besonders betroffen. Hier lebten noch rund 7.000 Emigranten mit österreichisch-jüdischem Hintergrund, die nach dem sogenannten Anschluss Österreichs an das Dritte Reich im Jahr 1938 in die USA geflohen waren. Außerdem war und ist New York Sitz zahlreicher jüdischer Organisationen, bis hin zum Jüdischen Weltkongress, der hier seine Zentrale hat.

Eines Tages klingelte das Telefon auf meinem Schreibtisch. Eine ältere Dame war in der Leitung, die zu eben jenen jüdischen Emigranten aus unserem Konsulatsbezirk zählte. Sie wollte zwei wertvolle Gemälde zurückerhalten, die bis 1938 in der Anwaltskanzlei ihres Vaters in Wien gehangen hatten. Die Dame hatte bereits mit meiner Vorgängerin Kontakt gehabt. Sie versuchte seit Jahren, an die Bilder zu kommen, die in einem Depot in Wien eingelagert waren. Da das Restitutionsgesetz noch nicht in Kraft war, lag es im Ermessen der zuständigen Behörde in Österreich, die Bilder herauszugeben oder nicht. Anscheinend zögerten dort alle Beteiligten mit der Begründung, der Antrag der Dame sei unvollständig. Wie immer in heiklen Angelegenheiten schlug ich ein persönliches Treffen vor. Ich sehe noch genau vor mir, wie die Dame einige Tage später im dritten Stock des

Generalkonsulats aus dem Lift kam. Sie war sehr zierlich, doch mit aufrechter Körperhaltung, dabei schlicht, aber elegant gekleidet. Am deutlichsten erinnere ich mich, wie willensstark und entschlossen sie wirkte. Diese zierliche Person war eine Kämpferin und würde nicht aufgeben, bis sie ihr Ziel erreicht hatte. Ich bot ihr einen Kaffee an, doch sie wollte nur ein Glas Wasser.

Es wurde ein aufwühlendes Gespräch, in dessen Verlauf wir beide Tränen in den Augen hatten. Bei aller Professionalität als Diplomatin wollte ich nie meine Gefühle vollständig abspalten und menschliche Schicksale nicht mehr an mich heranlassen. Die Lebensgeschichte dieser Dame berührte mich tief. Ich werde nie vergessen, wie sie mir schilderte, was 1938 geschehen war. Gemeinsam mit ihrer Mutter war ihr die Flucht nach New York gelungen. Ihr Vater war in Wien zurückgeblieben, um noch einige wichtige Dinge zu regeln, und schaffte es dann nicht mehr hinterherzukommen. Schon als Diplomatin in Israel hatte ich viele Gespräche mit Überlebenden des Holocaust geführt. Ich kannte die Geschichten, wusste um die Schicksale der Familien – und fühlte mich doch jedes Mal aufs Neue wie eingeschnürt, wenn ich eine dieser Erzählungen direkt aus dem Mund der Betroffenen hörte.

Ich versprach der Dame, mein Möglichstes zu versuchen, damit sie die Gemälde zurückerhielt, machte ihr jedoch keine konkreten Zusagen. Tatsächlich hielt ich nicht nur ihren Anspruch für legitim, sondern es war mir auch ein tiefes menschliches Bedürfnis, ihr zu helfen. Außerdem dachte ich, nachdem ich die Dame freundlich verabschiedet hatte, noch über einen weiteren Aspekt nach: Österreich hatte gerade ohnehin eine ganz schlechte Presse in den USA. Sollte die Dame an die Öffentlichkeit gehen – was ich ihr zutraute für den Fall, dass das Generalkonsulat ihr nicht helfen würde – könnte sie leicht zu einer Symbolfigur für vermeintliche Ignoranz gegenüber den Überlebenden des Holocaust werden. Das hätte ein PR-Desaster für Österreich bedeutet. Doch was konnte ich konkret tun? Eines war klar und gilt bis heute: Wer in einer solchen heiklen Situation keine langjährig gepflegten, guten Kontakte hat, kann überhaupt nichts tun.

Wenn wir gute Beziehungen brauchen, ist es zu spät, sie aufzubauen

Heute, als Kommunikationsberaterin in Unternehmen, erlebe ich in heiklen Situationen oft genau das: Die Krise ist da, das Kind ist längst in den Brunnen gefallen, doch das Management verfügt über kein belastbares Beziehungsnetzwerk, das jetzt aktiviert werden könnte. Wer beispielsweise jahrelang keine Kontakte zu Journalisten aufgebaut hat, braucht sich nicht wundern, wenn er im Krisenfall keinerlei Einfluss auf deren Berichterstattung hat. Und wer seine Mitarbeiter stets wie diese silbernen Snackautomaten an Bahnhöfen und Flughäfen behandelt hat, bei denen man oben Geld einwirft, damit unten die gewünschte Süßigkeit herauskommt, der braucht sich nicht wundern, wenn in schwierigen Zeiten der zwischenmenschliche Zusammenhalt fehlt. Lange läuft es wie von selbst, doch dann tritt eine Situation ein, in der alle im Unternehmen sich zusammenfinden und an einem Strang ziehen müssten. Manager, die in anderen Menschen jahrelang nur Objekte zur Erlangung unmittelbarer Vorteile gesehen haben, tun sich jetzt naturgemäß schwer, die Herzen zu erreichen. „Die Truppen hinter sich bringen" – das wünschen sie sich natürlich, die Generäle im Businesskrieg. Doch wer wie ein Generalissimus immer nur Befehle gibt und Druck ausübt, der züchtet langfristig Deserteure und Revolutionäre heran. Irgendwann wollen die bis dahin treuen Businesskrieger sich nicht mehr verheizen lassen. Und wenn sie noch nicht aufbegehren, dann sind sie zumindest desorientiert und wechseln in den reaktiven Modus, statt im Unternehmen aktiv mitzugestalten.

Nirgendwo habe ich kurzfristiges, auf die Quartalszahlen und den Aktienkurs fixiertes Denken in so extremer Ausprägung kennengelernt wie in der Automobilindustrie. Gnadenloser Verdrängungswettbewerb, kombiniert mit der Unfähigkeit, langfristige und vertrauensvolle zwischenmenschliche Beziehungen aufzubauen, schienen mir insbesondere das Verhältnis zwischen Herstellern und Zulieferern zu prägen. Dabei mangelt es mir keineswegs an Respekt gegenüber den Managern, die sich den täglichen Herausforderungen eines derart harten Geschäfts stellen. Ich denke hier spontan an einen dieser Manager, den ich im Rahmen eines Beratungsauftrags in der deutschen Niederlassung eines der weltgrößten Automobilzulieferer kennengelernt habe. Obwohl es täglich um Millionengeschäfte geht, könnte sein Arbeitsplatz unprätentiöser kaum sein – schmucklose Räume in einem Betonklotz nahe der Autobahn, mit Ausblick auf eines jener deutschen Mittelgebirge, in denen es auch dann noch regnet, wenn anderswo längst wieder die Sonne scheint. Die Aura dieses Mannes war eisig, sein Redetempo extrem schnell. Emotionslos, knapp und stakkatoartig listete er während einer Telekonferenz mit den USA die Zahlen, Daten und Fakten auf. Ein Beraterkollege von mir, der in diesen Räumen eine Präsentation halten musste, feilte tagelang an seinen Kommentaren zu jeder Folie. Bloß kein Wort zu viel! Nur keine Zeit verschwenden!

Wie gesagt, ich habe Respekt vor Managern, die in einem solchen Umfeld arbeiten. Mehr noch, in gewisser Weise bewundere ich sogar ihre enorme Leistung, das irrwitzige Tempo und den gekonnten Umgang mit permanenter Anspannung. Auf der anderen Seite habe ich gerade bei diesem Automobilzulieferer auf erschütternde Weise erlebt, wie rein kurzfristiges Denken und Handeln, das immer nur die nächste mögliche Optimierung der Kennzahlen im Blick hat, sich langfristig rächt. In besagtem Unternehmen war es nicht so, dass der Aufbau langfristiger Beziehungen zu kurz gekommen wäre. Nein, er fand überhaupt nicht statt! Als Erstes fiel das unter den eigenen Mitarbeitern auf. Sie blieben bei dem irren Tempo ihrer Vorgesetzten verwirrt und demotiviert zurück. Nach mehreren Strategiewechseln und Restrukturierungen herrschte allgemeine Ratlosigkeit. Dies zeigte sich unter anderem bei Mitarbeiterbefragungen, in denen die Führungskräfte katastrophal schlechte Noten erhielten. Ich muss betonen, dass es in dem Unternehmen längst eine hoch professionelle interne Kommunikation gab, die das Intranet und alle modernen Instrumente nutzte. Die Mitarbeiter in der zuständigen Abteilung machten einen ausgezeichneten Job. Das Problem waren die Inhalte, die ihnen vom Topmanagement zur Weitergabe an die Belegschaft vorgegeben wurden. Denn da ging es ausschließlich um abstrakte und kurzfristige Ziele, nach dem Muster: Wir müssen dies und das bis Ende des Monats um fünf Prozent steigern, wir müssen da und dort bis Ende des Jahres um zehn Prozent kürzen und so weiter.

Immerhin sah das Topmanagement selbst ein, dass es die Mitarbeiter verloren hatte, und wollte diesen Zustand ändern. Die Manager waren bereit, in zwischenmenschliche Beziehungen zu investieren und neues Vertrauen aufzubauen. Doch sie wussten überhaupt nicht, wie sie das machen sollten! Sie waren einseitige Kommunikation gewohnt, *top-down* und immer nur auf den konkreten Anlass bezogen. Natürlich lasen auch sie den *Harvard Business Review*, sie hätten wissen können, dass die Harvard Business School längst die *Conversational Communication* propagiert, den permanenten Dialog im Unternehmen mit dem Ziel, langfristige, vertrauensvolle Beziehungen aufzubauen. Intellektuell konnten sie nachvollziehen, dass ein Unternehmen Mitarbeitern nicht ständig kurzfristig neue Strategien aufdrücken kann, wenn keine langfristige Beziehung etabliert ist, die solche Belastungen verträgt. Doch sie wussten einfach nicht, wie sie es anders machen sollten als bisher.

Als Berater versuchten wir es mit dem Format des *Executive Dialogue*. Der CEO plante daraufhin auf seinen weltweiten Reisen zu den Niederlassungen mehr Zeit ein, um mit den Mitarbeitern ins Gespräch zu kommen. Doch was geschah? Er setzte sich hin und monologisierte eine Stunde lang. Ein CEO kann eben nicht vom einen auf den anderen Tag entdecken, dass er Mitarbeiter hat, und mit ihnen eine Beziehung aufbauen. Neue Formen der Kommunikation müssen von Führungskräften langsam erlernt werden. Topmanager brauchen den Mut, sich einzugestehen: Ich selbst bin der Anfang des Problems, und wenn ich mich langfristig ändere, werden sich die Dinge um mich herum auch ändern. Dieser Automobilzulieferer hat sich zumindest auf den Weg gemacht – und dafür verdient er höchsten Respekt! Es ist absehbar, dass es noch ein langer Weg werden wird, denn zu sehr bestimmt kurzfristiges, rein auf die abstrakte Ebene fixiertes Denken hier seit Langem den Alltag. Kaum etwas fällt Führungskräften in einem solchen Umfeld so schwer, wie jene zunächst scheinbar absichtslose, langfristige Beziehungspflege, die Teil des Erfolgsrezepts der Diplomatie ist. Doch es sind gerade diese lange und oft mühsam aufgebauten Beziehungen, die sich im entscheidenden Moment bezahlt machen. Dafür sind ja nicht immer die ganz großen Gesten notwendig. Im Gegenteil, ein Geburtstagsgruß über die sozialen Netze oder eine kurze Frage nach Privatem, etwa wie es der Tochter im Auslandsstudium so geht, genügen oft schon, um den positiven Kontakt zu halten.

Der Mann im Kanzleramt oder: Wenn jemand plötzlich wichtig wird

Die alte Dame in New York hat die beiden Bilder aus der Kanzlei ihres Vaters schließlich zurückerhalten. Wenn ich in den folgenden Zeilen berichte, wie ich entscheidend dazu beitragen konnte, dann nicht, um mich damit zu brüsten. Sondern weil das besonders deutlich zeigt, wie jahrelang und ohne eine konkrete Absicht aufgebaute Beziehungen sich im entscheidenden Moment auszahlen. So also ging ich vor: Ich wartete eine unter Berücksichtigung der Zeitverschiebung günstige Uhrzeit ab und rief einen der engsten Mitarbeiter von Bundeskanzler Vranitzky in dessen Büro in Wien an. Für den einen oder anderen Außenstehenden liest es sich jetzt vielleicht wie die selbstverständlichste Sache der Welt, dass eine stellvertretende Generalkonsulin in der Chefetage des Bundeskanzleramts anruft. Doch das ist ungefähr so, als würde der stellvertretende Filialleiter eines Apple Store in Wien, München oder Zürich im Büro des Apple-CEO in Cupertino anrufen. Dort wird unter normalen Umständen niemand für ihn zu sprechen sein! Das Außenministerium der Republik Österreich hat rund 1.200 Bedienstete und verfügt über 100 Auslandsvertretungen. Wenn irgendwo in der Welt jemand mit der Regierung etwas zu regeln hat, ist selbstverständlich der Dienstweg einzuhalten. Es sei denn – ja, es sei denn, man braucht in einer delikaten Angelegenheit einen Tipp und hat die entsprechenden guten Kontakte.

Seit dem Tag meines Dienstantritts im Außenministerium hatte ich am Leben der Kolleginnen und Kollegen teilgenommen – und umgekehrt war es genauso gewesen. Ich erinnere mich bis heute an die Glückwunschschreiben, die ich von ehemaligen Kollegen bekam, als ich 2001 Leiterin der Presse- und Informationsabteilung in Wien geworden war. Bei vielen war nicht nur die Anrede handschriftlich eingefügt, sondern es standen überall auch ganz persönliche Sätze, etwa warum mich jemand als besonders geeignet für diese Position einschätzte oder wie gut mich ein anderer noch in Erinnerung hatte. Einige schrieben auch scherzhaft, nun würden sie ja jemanden kennen, der an der Quelle sitze und den sie fragen könnten, um zu erfahren, was die Regierung gerade plane. Doch zurück zu den Bildern der alten Dame. In diesem Fall hatte ich auch jemanden, den ich fragen konnte. Wir waren uns vor gut zehn Jahren im Außenministerium zum ersten Mal begegnet, und nun saß er schon eine ganze Weile im Büro des Bundeskanzlers. Während dieser zehn Jahre hatte ich immer, wenn ich in Wien war, den Kontakt gesucht. Mehrmals hatten wir uns im Kaffeehaus getroffen und uns beruflich und persönlich einfach ein wenig ausgetauscht. Manchmal musste mein ehemaliger Kollege ein Treffen aber auch kurzfristig absagen, weil der Bundeskanzler ihn dringend brauchte. Ich habe mich darüber nie geärgert, sondern einfach bis zur nächsten Gelegenheit gewartet.

Nun also telefonierten wir, er in Wien und ich in New York. Ich machte ein wenig Smalltalk, erzählte ihm dann von der Causa der alten Dame und fragte ihn, ob er mir einen Rat geben könne. Keinesfalls wollte ich den Dienstweg umgehen. Außerdem sollte unter gar keinen Umständen die Autorität der zuständigen Behörde untergraben werden. Das alles war sehr, sehr heikel. Wenn mein ehemaliger Kollege mich nicht so lange gekannt hätte und wir nicht ein solch echtes Vertrauensverhältnis gehabt hätten, dann wäre seine Antwort wahrscheinlich gewesen, dass er mir da auch nicht helfen könne und ich mich am besten direkt an die zuständige Behörde wenden solle. So aber überlegte er kurz und gab mir dann den entscheidenden Tipp: In dem Restitutionsgesetz, das gerade erst in Lesung war, aber bald in Kraft treten würde, seien ganz bestimmte Bedingungen definiert, unter denen Kulturschätze unbedingt zurückgegeben werden müssten. Er schlug eine Formulierung vor, die die alte Dame in einem weiteren Brief an die zuständige

Behörde verwenden sollte. Diese Formulierung würde nach künftiger Rechtslage eine Rückgabe praktisch zwingend machen. Er riet mir außerdem, bei der zuständigen Behörde anzurufen und im Sinne der Dame zu argumentieren, dass die Behörde doch im Rahmen ihres Ermessensspielraums die zwei Bilder auch jetzt schon zurückgeben könne, da sie zu deren Restitution in ein, zwei Jahren ohnehin per Gesetz verpflichtet sein werde. Ich bedankte mich herzlich für den Tipp, setzte ihn genauso um und konnte mich einige Monate später von Herzen mit der alten Dame freuen, die ihre Gemälde zurückerhalten hatte. Erfreulich war das freilich nicht nur für die Dame, sondern auch für die Beziehungen zwischen Österreich und den USA. Einer potenziellen Skandalgeschichte für die amerikanischen Medien war die Grundlage entzogen. Ich hatte die richtige Information von der richtigen Person zur richtigen Zeit bekommen. Das ist es, worauf Diplomaten oft jahrelang hinarbeiten.

Bleiben wir gedanklich noch ein wenig in den USA. Die Amerikaner sind nämlich wahre Virtuosen darin, langfristige Beziehungen zu ausländischen Staatsbürgern aufzubauen, die ihnen irgendwann einmal nützlich sein könnten. Bereits unter den Jugendlichen anderer Länder suchen sie nach *Future Leaders*, um sie in ihrem Sinne zu beeinflussen. Es mag Jahrzehnte dauern, bis die USA einen dieser Kontakte einmal brauchen – doch dann kann es eben entscheidend darauf ankommen, dass in der Regierung eines kleinen mittelamerikanischen Landes oder im Vorstand eines Unternehmens der *Emerging Markets* jemand sitzt, der eine positive Grundhaltung gegenüber den Vereinigten Staaten hat. Wie so vieles haben die Amerikaner auch diese Strategie zwar perfektioniert, aber nicht erfunden. Im Grunde gibt es sie nämlich schon seit 5.000 Jahren. Bereits die Sumerer und die alten Griechen nutzten das Prinzip des Austauschs zukünftiger Führungspersönlichkeiten. So lud ein Königshaus etwa den Königssohn des benachbarten

Reichs an seinen Hof ein, um ihm dort ein Jahr lang eine Ausbildung zukommen zu lassen. Umgekehrt schickte das Land auch die eigenen Königskinder in die Fremde. Diese Maßnahme wirkte oft friedenstiftend. Denn wen man seit der Jugend kennt und wem man vertraut, den greift man nicht so leicht an.

Die modernen US-Programme für zukünftige ausländische Führungspersönlichkeiten sind beim Bureau of Educational and Cultural Affairs (ECA), einer Abteilung des State Department, angesiedelt. Begründet hat sie der Geschäftsmann und republikanische Politiker Nelson Rockefeller im Jahr 1940. Der Angehörige der berühmten Milliardärsdynastie war zu dieser Zeit Koordinator für die panamerikanischen Beziehungen im US-Außenministerium und lud 130 Journalisten aus Südamerika zu einem Aufenthalt in den Vereinigten Staaten ein. Heute haben die zahlreichen Programme des ECA Namen wie Future Leaders Exchange Program (FLEX) oder American Council for Young Political Leaders (ACYPL). FLEX zum Beispiel richtet sich gezielt an 15- bis 17-Jährige aus zehn Nachfolgestaaten der Sowjetunion, darunter Russland, die Ukraine, Aserbaidschan, Georgien und Kirgisistan. Wer die aktuelle politische Entwicklung in diesen Staaten verfolgt, braucht nicht allzu viel Fantasie, um sich vorzustellen, warum die USA ein Interesse an guten Kontakten zu deren zukünftiger Führungselite haben. 50 Auserwählte pro Jahr erhalten ein Stipendium für eine Highschool und leben zwölf Monate lang bei einer Gastfamilie in den USA. Den Vereinigten Staaten geht es jedoch auch um die weltweite Stärkung der Menschenrechte. So richtet sich das Programm EMPOWER an Aktivisten für Menschen mit Behinderungen in sämtlichen Ländern der Erde. Sie haben die Möglichkeit, drei bis fünf Wochen in den USA zu verbringen und sich dort für die politischen Kampagnen in ihren Heimatländern weiterzubilden.

Wie sehr auch die Botschaften der Vereinigten Staaten in die Strategie eingebunden sind, möglichst früh langfristige Beziehungen zu den zukünftigen Eliten eines anderen Landes aufzubauen, lässt sich beispielsweise in Brasilien eindrucksvoll beobachten. Seit Jahren fahren dort Botschaftsangehörige regelmäßig in die armen Distrikte auf dem Land, halten interessante Vorträge und schauen sich – scheinbar ganz nebenbei – die Jugendlichen an: Wer könnte eine zukünftige Führungspersönlichkeit sein? Haben die Botschaftsangehörigen mit ihrem psychologisch geschulten Blick einen Teenager mit entsprechendem Potenzial erkannt, dann helfen sie ihm zunächst in seiner gewohnten Umgebung dabei, eine Führungsrolle zu übernehmen, indem sie ihn stützen und stärken. Als Highlight winkt dann irgendwann ein vierzehntägiger Aufenthalt in den USA. Für junge Menschen, die meistens nicht einmal einen Reisepass besitzen, ist es das größte Abenteuer ihres bisherigen Lebens. So wird die Grundlage für eine jahrelange Beziehung gelegt.

Jetzt kommt der springende Punkt, denn bis hierhin machen das andere Länder durchaus ähnlich: Die US-Botschaften betreuen die jungen Leute noch Jahre weiter, nachdem sie aus den Vereinigten Staaten zurück sind. Sie erhalten Unterstützung, bekommen einen eigenen Internet-Account und können manchmal sogar ihr Heimatdorf mit von den USA gespendeten Computern für die örtliche Schule überraschen. Durch den Beziehungsaufbau, den die USA seit nunmehr 75 Jahren betreiben, haben sie im Krisenfall überall auf der Welt Leute, auf die sie zählen können. Die Vereinigten Staaten sind, weitgehend unbemerkt von der Öffentlichkeit, nicht nur eine militärische Supermacht, sondern auch eine diplomatische.

Denken in Generationen statt in Quartalszahlen

Im beschleunigten globalen Wettbewerb spielt der Faktor Zeit heute eine zwiespältige Rolle. Einerseits ist es faszinierend, wie schnell neue Produkte auf den Markt kommen, in welch kurzer Zeit Start-ups wachsen und wie viele Informationen per Mausklick in Echtzeit verfügbar sind. Andererseits scheint den meisten Akteuren der Wirtschaft die nötige Geduld abhandengekommen zu sein, in guten Zeiten zwischenmenschliche Kontakte zu pflegen, um Vertrauen zu schaffen und Glaubwürdigkeit aufzubauen. Ohne die Investition von Zeit ist das Vertrauen, das sich heute alle wünschen, jedoch nicht zu haben. Wir vertrauen fast ausschließlich den Menschen, die wir kennen. Je länger und besser wir einen Menschen kennen, desto mehr können wir ihm vertrauen. Es darf dabei jedoch niemals allein um das Nutzenkalkül gehen. Langfristigkeit hat mit Werten, mit einer inneren Haltung zu tun: Ich sehe den anderen Menschen nicht nur als Zweckobjekt, sondern ich nehme zunächst einmal eine Person wahr, der Anerkennung und Respekt gebührt. Ohne Freude am Umgang mit Menschen gibt es auf Dauer keine echte Produktivität, denn letztlich hängt ja alles an Menschen. Das gilt insbesondere für jene Volkswirtschaften, die keine Bodenschätze verkaufen können, sondern ihr Sozialprodukt allein der Intelligenz, Kreativität und Schaffensfreude der dort lebenden Menschen verdanken.

Das Fürstentum Liechtenstein, dessen Stabsstelle für Kommunikation und Öffentlichkeitsarbeit in Vaduz ich zehn Jahre lang leiten durfte, ist ein besonders prägnantes Beispiel für ein Land, das es praktisch ohne natürliche Ressourcen zu großem Wohlstand gebracht hat. Im Ausland, vor allem in Deutschland, wird die liechtensteinische Wirtschaft heute fast ausschließlich mit der Finanzbranche in Verbindung gebracht. Das haben Umfragen im Auftrag des Fürstentums belegt. Kaum bekannt ist, dass nicht etwa der Finanzsektor, sondern die Industrie und das warenproduzierende Gewerbe – darunter ein großer Anteil an Hightech-Firmen – das Rückgrat der liechtensteinischen Wirtschaft bilden. Noch weniger bekannt ist, dass die Idee der Liechtensteiner, für die Reichen und sehr Reichen dieser Welt als Treuhänder ihrer Vermögen zu fungieren, aus bitterer Not geboren wurde. Liechtenstein blieb im Ersten Weltkrieg neutral, wurde aber von den Wirtschaftssanktionen gegen die Monarchie Österreich-Ungarn, mit der seit 1852 ein Zollvertrag bestand, schwer getroffen. Die Bevölkerung litt Hunger, sämtliche Ersparnisse wurden durch die Inflation vernichtet. Nach Kriegsende kündigte Liechtenstein 1919 den Zollvertrag mit Österreich und begründete 1923 die bis heute gültige Partnerschaft mit der Schweiz. In dieser harten Zeit, als Liechtenstein nichts mehr hatte, was es selbst hätte zu Geld machen können, entstand die Idee, ausländische Vermögen zu verwalten. Doch warum war und ist gerade Liechtenstein damit bis heute so enorm erfolgreich? Ein Hauptgrund heißt Langfristigkeit.

Denken in Generationen und Jahrhunderten – das ist der Anspruch und gleichzeitig das Alleinstellungsmerkmal der LGT Group, eines Finanzunternehmens in der Hand des Fürstenhauses von Liechtenstein, das die Geschäfte auch selbst führt. Über viele Jahrhunderte hat das Fürstenhaus bewiesen, dass es mit dem eigenen Vermögen gut umgehen kann. Es hat sich außerdem aus zwei Weltkriegen herausgehalten. Das schafft Vertrauen. Gleichzeitig ist die LGT Group ein Paradebeispiel dafür, dass der Aufbau langfristiger Beziehungen keineswegs die Unfähigkeit nach sich zieht, schnelle Entscheidungen zu treffen. Das genaue Gegenteil ist der Fall: Nur wer langfristig denkt und entsprechend agiert, kann kurzfristige schmerzhafte Einschnitte problemlos verkraften. So zog sich die LGT Group im Frühjahr 2011 überraschend vom deutschen Markt zurück und verkaufte das seit 2003 mühsam aufgebaute Netz von Niederlassungen an den niederländischen Konkurrenten ABN Amro. Nach einem Bericht der deutschen Wirtschaftszeitung *Handelsblatt* bedeutete der Rückzug vom größten europäischen Markt für die LGT Group im Folgejahr einen Gewinneinbruch um 52 Prozent. Ich frage mich: Welcher CEO kann in der heutigen Zeit den Stakeholdern einen Gewinneinbruch von mehr als 50 Prozent erklären, ohne seinen Hut nehmen zu müssen? Wer jedoch in Generationen und Jahrhunderten denkt, für den ist das gar nicht so schwierig.

Längst gibt es auch in der Industrie Unternehmen, denen Langfristigkeit wichtiger ist als kurzfristige Zahlenakrobatik. Bleiben wir noch einen Moment in Liechtenstein, und zwar beim größten Arbeitgeber des Fürstentums, dem Werkzeughersteller Hilti in Schaan, für den heute weltweit mehr als 20.000 Menschen arbeiten. Vor einigen Jahren ließ sich die Führungsriege bei der Hilti AG von der allgemeinen Börseneuphorie anstecken und brachte das 1941 gegründete Familienunternehmen an die Börse. Doch schon anderthalb Jahre später zog der damalige CEO Michael Hilti die Reißleine und machte alles wieder rückgängig. Zur Begründung sagte er sinngemäß, er habe keine Lust, sich von 22-jährigen Analysten sagen zu lassen, wie er sein Business zu führen habe. Bei der Unternehmensführung hatte Michael Hilti nämlich seine eigenen Vorstellungen. Diese lassen sich mit dem Wort Langfristigkeit sehr treffend charakterisieren.

Ähnlich wie bei Hilti findet bei vielen anderen Unternehmen im Moment geradezu ein Aufwachen statt. Die Verheißungen eines überhitzten, nur auf schnelles Geld schielenden internationalen Finanzkapitalismus sind als gefährlich und zersetzend entlarvt. Einige Unternehmen besinnen sich zurück auf bewährte Tugenden. Dazu zählt jenes Bauen auf langfristige Beziehungen, wie es in der Diplomatie schon immer zum Handwerkszeug gehörte. Die Wirtschaft der Zukunft wird langfristig denken und trotzdem schnell entscheiden. Das ist nur dort möglich, wo es belastbare Beziehungsnetzwerke gibt und Menschen einander vertrauen. Ich kann allen Unternehmern und Führungskräften nur raten: Nehmen Sie sich die nötige Zeit, um langfristige Beziehungen aufzubauen. Treffen Sie Menschen auch dann und hören Sie ihnen zu, wenn Sie unmittelbar nichts von ihnen wollen. Zum Beispiel können Sie es sich zur Gewohnheit machen, am Rande jeder größeren Geschäftsreise noch mindestens ein oder zwei weitere Kontakte zu pflegen, die Ihnen unmittelbar nichts einbringen. Ganz ähnlich habe ich es als Diplomatin gemacht, als ich zum Beispiel meinen Kontakt im Wiener Bundeskanzleramt immer wieder am Rande anderer Termine getroffen habe. Fast jeder Unternehmer oder Manager war schon einmal in einer Situation, in der er sich sagte: Jetzt müsste ich dort jemanden kennen! Die meisten Menschen, die immer zur richtigen Zeit die richtigen Ansprechpartner kennen, haben jahrelang, manchmal jahrzehntelang darauf hingearbeitet. Doch es ist nie zu spät, mit dem Aufbau langfristiger Beziehungen zu beginnen.

KAPITEL 3

Helikopterflug: Das große Ganze sehen, um Gestalter zu bleiben

Die globale Verflechtung der Wirtschaft nimmt stetig zu. Die beste Antwort darauf ist es, eine systemische und ökologische Perspektive einzunehmen und die neuen Beziehungen zu erkennen. Das geht einher mit einem Paradigmenwechsel in den Wissenschaften, den der US-amerikanische Soziologe, Ökonom und Publizist Jeremy Rifkin so auf den Punkt bringt: „Die alte Wissenschaft sieht die Natur als Ansammlung von Objekten; die neue Wissenschaft sieht die Natur als Geflecht von Beziehungen."

In der Diplomatie werden Sachverhalte niemals isoliert betrachtet. Egal, um welches Thema es geht, stets nehmen Diplomaten sowohl verschiedene Perspektiven auf gleicher Ebene als auch eine übergeordnete Perspektive ein. Vielleicht ist es ja diese Angewohnheit, die Dinge aus unterschiedlichen Blickwinkeln zu betrachten, die zu dem spöttischen Bonmot geführt hat, die Lieblingsfarbe eines Diplomaten sei kariert.

Im Zeitalter der Globalisierung lässt sich allerdings auch die Welt der Wirtschaft immer weniger einfarbig betrachten, schon gar nicht schwarz oder weiß. Die Verflechtung und wechselseitige Abhängigkeit von Volkswirtschaften und einzelnen Organisationen, die Interdependenz, nimmt stetig zu. Wollen Unternehmen handlungsfähig bleiben, so genügt es immer weniger, Erfahrungen aus der Vergangenheit in die Zukunft zu projizieren. Ohne die Fähigkeit, übergeordnete Zusammenhänge zu verstehen, lässt sich kaum noch planen. Im Extremfall droht ein Unternehmen von Entwicklungen überrollt zu werden und entweder massive Risiken zu übersehen oder große Chancen zu verpassen. Wer zum Beispiel vor 30 Jahren Windräder baute, um damit Strom zu erzeugen, galt in den Augen vieler als verrückt. Im Zeichen der Energiewende lässt sich heute mit Windkraft viel Geld verdienen. Um zu erkennen, dass die fossilen Ressourcen endlich sind und dies Konsequenzen nicht nur für die Weltwirtschaft, sondern auch für jedes einzelne Unternehmen haben wird, braucht es keine hellseherischen Fähigkeiten. Es genügt, eine globale, systemische und ökologische Perspektive einzunehmen und die bestehenden Verflechtungen zu erkennen. Der Helikopterblick ist heute ebenso wichtig wie der Blick durchs Fernglas.

Diplomaten stellen sich bei Problemen stets folgende Fragen: Worum geht es eigentlich? Was ist der große Zusammenhang? Was steckt dahinter? Dieses Fragen nach großen Zusammenhängen ist mir bereits in den 1980er-Jahren, auf meiner allerersten Station im diplomatischen Dienst, in Fleisch und Blut übergegangen. Ich war damals in Dakar, der Hauptstadt des Senegal im Westen Afrikas, auf einem sogenannten „Hardship Post“, einem „Härteposten“. Um zu erklären, wie es dazu kam und warum ausgerechnet das meine erste Station war, muss ich ein wenig ausholen. Wenn Sie in Österreich Diplomat werden wollten, benötigten Sie ein abgeschlossenes Hochschulstudium. Das ist auch heute noch so. Ich besuchte nach meiner Promotion und einigen Jahren im Ausland die Diplomatische Akademie Wien. Diese oft mit DA abgekürzte Institution im Theresianum in der Favoritenstraße wurde bereits 1754 von Kaiserin Maria Theresia gegründet und gilt damit als älteste Diplomatenschule der Welt. In der Bundesrepublik Deutschland entstand 1973 die Akademie Auswärtiger Dienst auf dem Bonner Venusberg. Im Rahmen des Regierungsumzugs verlegte die deutsche Diplomatenschule 2006 ihren Sitz in die Villa Borsig am Tegeler See in Berlin. In der Schweiz gibt es keine eigene Diplomatenschule, jedoch ebenfalls eine Prüfung zum diplomatischen Dienst, den sogenannten Concours, den das Eidgenössische Departement für auswärtige Angelegenheiten alljährlich durchführt.

Als ich sämtliche Prüfungen der Diplomatischen Akademie Wien bestanden hatte, zählte ich zu den fünf Jahrgangsbesten. Unter dieser Voraussetzung konnte ich damals ohne Wartezeit einen Posten im Außenministerium antreten. Allerdings war ich nun zwei Jahre lang Beamtin auf Probe und musste anschließend noch eine weitere Prüfung absolvieren. Während der zweijährigen Probezeit schickte das Außenministerium uns Neulinge bewusst auf Posten, wo uns alles andere als das angenehme Diplomatenleben erwartete. Statt nach London, Paris oder Washington ging es also nach Bagdad, Kinshasa oder – wie in meinem Fall – in die senegalesische Hauptstadt Dakar. Diese Praxis war durchaus keine Gemeinheit gegenüber den Neulingen, sondern zielte darauf ab, unsere Belastbarkeit als Jungdiplomaten zu testen. Wer auf der Diplomatenschule ein brillanter Kopf gewesen war, musste deshalb ja noch lange nicht mit tropischem Klima, bedenklichen hygienischen Verhältnissen oder gar nächtlichem Maschinengewehrfeuer seitens irgendwelcher Rebellen zurechtkommen. Mit derlei Härten darf ein Diplomat jedoch keine Probleme haben, sonst ist er für den Job ungeeignet.

Rückblickend muss ich selbst ein wenig darüber schmunzeln, wie relativ naiv ich damals meinen Posten im Senegal antrat. Ich hatte bisher keinerlei Bezug zu Afrika gehabt, nicht einmal einen theoretischen, denn während meiner Ausbildung hatten mich andere Kontinente und Regionen wesentlich mehr interessiert. So traf es mich völlig unvorbereitet und wie ein Schock, dass mir nahezu überall in dem afrikanischen Land offene Feindseligkeit, ja manchmal regelrechter Hass entgegenschlug. Hätte ich dieses Problem nun isoliert betrachtet, dann hätte ich mich vielleicht gefragt, ob ich irgendetwas falsch mache, zum Beispiel gegen senegalesische Sitten und Gebräuche verstoße. Es stellte sich allerdings schnell heraus, dass mein Verhalten nicht das Problem sein konnte. Allein die Tatsache, dass ich jung, weiß und eine Frau war, schien die Menschen zu provozieren. Wo bekannt war, dass ich aus Österreich komme, fielen die Reaktionen kein bisschen freundlicher aus. Um eine Chance zu haben, das zu verstehen, musste ich mir die für Diplomaten typischen Fragen stellen: Worum geht es eigentlich? Was ist der große Zusammenhang? Was steckt dahinter?

In der Abteilung für Afrika südlich der Sahara des österreichischen Außenministeriums gab es damals einen Abteilungsleiter, von dem ich viel gelernt habe. Er war ein sehr politischer Mensch, ein überzeugter „Linker“, der im persönlichen Gespräch kein Blatt vor den Mund nahm. Beispielsweise bezeichnete er das damalige System der Apartheid in Südafrika als „Schweinerei“. Lernen konnte ich als junge Diplomatin von ihm, eine historisch-politische und soziale Perspektive einzunehmen. Anders sind viele Ereignisse in fremden Ländern überhaupt nicht einzuordnen. So wurde ich im Senegal für die postkolonialen Probleme Afrikas sensibilisiert, die ich bisher nicht recht im Blick gehabt hatte. Als ich dort zum ersten Mal aus dem Flugzeug stieg, war mir überhaupt nicht bewusst gewesen, wie lang die Schatten der Kolonialzeit in dem seit 1960 von Frankreich unabhängigen Land noch waren. Geschweige denn, dass mir deutlich gewesen wäre, wie eng die Probleme des gesamten afrikanischen Kontinents bis heute mit der Kolonialzeit zusammenhängen. Unerfahren wie ich war, hatte ich sogar noch gedacht: Ich komme ja aus Österreich, anders als Frankreich oder das deutsche Kaiserreich war Österreich nie Kolonialmacht, also bin ich hier gewissermaßen neutral. Ich musste schmerzhaft erfahren, dass die Senegalesen für solche feinen Unterschiede nicht empfänglich waren und in jedem weißen Europäer einen Vertreter der verhassten Kolonialisten sahen. So bekam auch ich ab dem ersten Tag die ganze Verachtung ab, mit der viele Einheimische damals einer „Kolonialistin" begegneten. Als ich dann später nach Israel kam, habe ich nicht eine Sekunde lang unterschätzt, wie sehr die nationalsozialistische Vergangenheit in den Köpfen der Menschen jüdischen Glaubens noch präsent war. Es war für mich selbstverständlich geworden, historisch-politische und soziale Zusammenhänge zu erkennen.

Wer sich nie mit größeren Zusammenhängen beschäftigt, der versteht bei Problemen oft nur die Hälfte und manchmal gar nichts. Wenn ich mich heute mit den Augen einer Diplomatin in Unternehmen umschaue, dann sehe ich ein uneinheitliches Bild: Einerseits ist die Globalisierung längst auch in den Köpfen der Mittelständler angekommen. Die meisten spüren, wie schnell politische Entwicklungen, jüngst beispielsweise die Währungskrise im Euroraum oder die Sanktionen der EU gegen Russland im Ukrainekonflikt, heute auch in ihrer Firma ankommen. Gut gefüllte Auftragsbücher können morgen leer sein, wenn sich irgendwo der politische Wind dreht. Je größer die Exportorientierung, desto ausgeprägter ist meist das Bewusstsein dafür. Andererseits werden viele größere Zusammenhänge und globale Veränderungen allenfalls in der Theorie verstanden. In der Praxis herrscht Ratlosigkeit, wie damit umzugehen ist. Die mittelständischen Unternehmen bei uns im Schweizer Rheintal zum Beispiel holen sich bei der staatlichen Schweizer Exportförderungsorganisation OSEC Informationen über den chinesischen Markt. Doch ich kenne kaum jemanden in diesen Firmen, der sich mit der Geschichte Chinas oder der aktuellen sozialen Lage der Menschen dort näher befasst. So kann es jedoch passieren, dass die Firmen zwar Exportvorschriften kennen oder örtliche Ansprechpartner, von plötzlichen Veränderungen der Verhältnisse in einem Land aber völlig überrascht werden.

Am wenigsten kann ich erkennen, dass die Veränderungen der modernen Arbeitswelt bereits überall verstanden würden. Im Gegenteil, das Silodenken ist in den Unternehmen noch weit verbreitet: Wer glaubt, an seinem kleinen Schreibtisch alles richtig zu machen, der ist mit sich und der Welt zufrieden. In der Wirtschaft der Zukunft werden jedoch nahezu alle Mitarbeiter ein Bewusstsein dafür entwickeln müssen, welche Konsequenzen ihr Handeln sowohl für das gesamte Unternehmen als auch über Unternehmensgrenzen hinaus hat. Ganzheitliches, systemisches und ökologisches Denken wird nicht länger Merkmal einer intellektuellen Elite sein, sondern in einer global vernetzten Welt zum Allgemeingut werden. Und dazu werden müssen, möchte ich ergänzen, denn anders wird ein vernünftiger Umgang mit den Ressourcen der Natur für eine steigende Weltbevölkerung mit zunehmenden materiellen Ansprüchen schlicht unmöglich sein. Das Zeitalter einer blinden Ausbeutung der Natur geht ebenso zu Ende wie die Zeit der alten Industriegesellschaft. Ein Denken in größeren Zusammenhängen ist die notwendige Basis für jede Suche nach verantwortbaren Alternativen.

Warum 30.000 Fuß mal zu hoch und mal zu niedrig sind

In der Managementlehre gibt es einen etwas modischen englischen Ausdruck, den „30.000-Feet-View“. Die Metapher bezieht sich auf die typische Reiseflughöhe eines Passagierflugzeugs, die um die 30.000 Fuß liegt, was rund 9.000 Metern entspricht. Bei wolkenlosem Wetter haben die Passagiere von dort oben fraglos einen ausgezeichneten Überblick. Einen ähnlichen Überblick sollen – darauf zielt die Metapher – Manager sich verschaffen, wenn sie strategisch denken. Ein amerikanischer Business-Blog hat den Ausdruck „30.000-Feet-View“ kürzlich in eine Liste der „25 ärgerlichsten Phrasen im Management“ aufgenommen. Auch wenn das vielleicht übertrieben ist, so verstehe ich doch, welches Problem einige hier sehen. Wenn ich in Vorträgen oder Diskussionen dafür plädiere, Sachverhalte sowohl aus verschiedenen Perspektiven auf gleicher Ebene als auch aus einer übergeordneten Perspektive zu betrachten, kommen gegen den Blick von oben schnell Einwände. Den Blick aus dem Flugzeug – oder dem Hubschrauber, das sind ja alles nur Metaphern für den Blick aufs große Ganze – assoziieren manche mit der vermeintlichen Abgehobenheit von Managern. Es gehe nicht darum abzuheben, so weit am Ende noch, dass man keine einzelnen Menschen mehr erkennt, argumentieren sie, sondern es komme vielmehr darauf an, geerdet zu bleiben und sich mit jedem einzelnen Mitarbeiter zu befassen. Der Blick aus dem Flugzeug sei eine fragwürdige Lieblingsmetapher von Managern auf den obersten Etagen gläserner Bürotürme, die sich ohnehin am liebsten in Modellen und Abstraktionen ergingen und den Kontakt zu ihren Mitarbeitern längst verloren hätten.

Um Missverständnisse bezüglich dessen zu vermeiden, was ich mit dem Blick aufs große Ganze meine, spreche ich manchmal lieber vom Adlerblick – und das nicht allein, weil mich dieser majestätische Vogel mehr fasziniert als jedes von Menschen erbaute Fluggerät. Entscheidend ist das Adlerauge, das nämlich in der Lage ist, selbst aus größter Höhe jedes kleinste Detail auf der Erde zu erkennen. Der Steinadler kreist im Gebirge nahe der Gipfel, entdeckt oberhalb der Baumgrenze ein Murmeltier – durch die Farbe seines Fells eigentlich gut getarnt – und stürzt sich auf die Beute. Ein Adler sieht also beides, den großen Zusammenhang und jedes kleine Detail. Und genau das ist der Punkt: Es ist unsinnig, die Makroperspektive und die Mikroperspektive gegeneinander ausspielen zu wollen. Manchmal ist es wichtig, sich mit Details zu beschäftigen. Gleichzeitig ist, um es mit der Weisheit der alten Griechen zu umschreiben, das Ganze stets größer als die Summe seiner Teile. Entscheidend ist nicht das „Big Picture", sondern das „Whole Picture". Die Kunst, sich ein vollständiges Bild zu machen, liegt im rechten Perspektivwechsel zur rechten Zeit. Der „30.000-Feet-View" ist mitunter viel zu hoch, das ist richtig. Er kann aber auch viel zu niedrig sein! Heute und erst recht in Zukunft brauchen wir zusätzlich den Blick aus dem Satelliten oder, besser noch, aus der Raumstation. Ich meine damit eine Perspektive, die den gesamten Planeten Erde in den Blick nimmt und begreift, dass es ein globales Ökosystem gibt und das Handeln einer kleinen Gruppe von Menschen potenziell Auswirkungen auf alle anderen Menschen haben kann.

Entscheidend für den Blick aufs große Ganze ist also, einen Sachverhalt auf gleicher Höhe aus unterschiedlichen Blickwinkeln und dann noch einmal aus unterschiedlichen Höhen zu betrachten. Was die Perspektive aus der Höhe angeht, braucht es dann, bildlich gesprochen, zunächst den Blick aus dem Hubschrauber, anschließend den aus unterschiedlich hoch fliegenden Flugzeugen und schließlich den von einem Satelliten oder aus einer Raumstation. Diplomaten sind es bereits wesentlich länger gewohnt als

Führungskräfte der Wirtschaft, Sachverhalte und Ereignisse aus diesen unterschiedlichen Höhen zu betrachten. Für die Arbeit in Diplomatie und Außenpolitik ist das sogar unabdingbar. Dazu ein Beispiel. Am 17. Dezember 2010 übergießt sich der tunesische Gemüsehändler Mohamed Bouazizi in der Kleinstadt Sidi Bouzid mit Benzin und zündet sich an. Lebensgefährlich verletzt wird er in ein Krankenhaus eingeliefert. Die Verzweiflungstat war offenbar ein Protest gegen die tunesische Polizei. Diese hatte seinen Stand mehrfach wegen fehlender Genehmigung geschlossen, seine Produkte und seine Waage beschlagnahmt und wahrscheinlich ihn selbst auf dem Polizeirevier körperlich misshandelt.

Als Zeitungsleser in Hamburg, Salzburg oder Basel haben Sie dieses Ereignis wahrscheinlich zunächst gar nicht mitbekommen. Und wenn doch, dann wäre Ihre natürliche Reaktion – abgesehen von Mitgefühl für den Schwerverletzten – wohl Achselzucken gewesen. Als westlicher Diplomat in Tunis oder als Mitarbeiter in der für Nordafrika zuständigen Abteilung im Außenministerium in Wien, Berlin oder Bern können Sie sich ein Achselzucken jedoch nicht erlauben. Sie müssen das Ereignis einordnen, das heißt, sich fragen, ob es sich um einen tragischen Einzelfall handelt oder der Vorfall Kreise ziehen könnte. Also wieder die Fragen: Worum geht es eigentlich? Was ist der große Zusammenhang? Was steckt dahinter? Sehr wahrscheinlich geht es hier um mehr als ein paar Kisten mit Datteln. Wenn Sie historisch-politisch geschult sind, dann wissen Sie, dass öffentliche Selbstverbrennungen in autoritären Systemen höchst brisant sind und von ihnen eine mächtige Signalwirkung ausgehen kann. So verbrannte sich 1976 in der DDR der evangelische Pfarrer Oskar Brüsewitz öffentlich. Ein Ereignis, das die Staatssicherheit zunächst vertuschen wollte, bevor es über den Deutschlandfunk dann doch in der gesamten DDR bekannt wurde und eine Schockwelle auslöste. Nicht wenige Historiker sehen darin die Geburtsstunde der Oppositionsbewegung in der DDR, die schließlich die friedliche Revolution von 1989 ermöglichte.

Kurz nach der Tat von Mohamed Bouazizi demonstrieren hunderte Jugendliche in Sidi Bouzid. Es kommt zu Ausschreitungen, die Polizei setzt Tränengas ein und sperrt den Zugang zur Stadt für Journalisten. Um diese Lage als Diplomat einschätzen zu können, müssen Sie etwas über die aktuelle politische und soziale Situation im gesamten Land wissen. Diese Situation ist aufs Äußerste angespannt, das Regime von Staatsoberhaupt Zine el-Abidine Ben Ali ist verhasst und die soziale Lage breiter Bevölkerungsschichten ist prekär. Könnten die Proteste auf ganz Tunesien übergreifen? Könnte es gar zu einer Revolution kommen? Spätestens jetzt werden Sie als Diplomat eine nochmals übergeordnete Perspektive einnehmen: Was würde eine Revolution in Tunesien für die gesamte arabische Welt bedeuten? Und dann nochmals eine größere Perspektive: Was wären die Auswirkungen massiver politischer Kräfteverschiebungen in der arabischen Welt auf Weltpolitik und Weltwirtschaft? Schließlich sind die arabischen Länder die wichtigsten Öl produzierenden Länder und die Weltwirtschaft ist nach wie vor vom Öl abhängig. Was würden Unruhen in der arabischen Welt für den Friedensprozess zwischen Israel und seinen Nachbarländern bedeuten? Was wäre mit Syrien? Könnten demokratische Proteste bei gleichzeitig fehlenden demokratischen Strukturen am Ende ungewollt gewaltbereiten Islamisten in die Hände spielen? Wie würden sich die USA in dem Fall verhalten? Wie Russland? Wie China?

Was Pausen in China mit dem Apple Store in Berlin zu tun haben

Vielleicht wissen Sie es oder haben es längst erraten: Die Selbstverbrennung des Gemüsehändlers Mohamed Bouazizi – er starb am 4. Januar 2011 im Krankenhaus – war der Auslöser für den sogenannten Arabischen Frühling, die „Arabellion“. In insgesamt vier arabischen Staaten wurde das Staatsoberhaupt gestürzt, in Syrien begann ein erbarmungsloser Bürgerkrieg und in fast allen Staaten des Maghreb und des Nahen Osten kam es zu Massenprotesten. Überall richteten sich die Proteste gegen autoritär herrschende Regime und die politischen und sozialen Strukturen der einzelnen Länder. Jetzt hätte ein nüchtern kalkulierender Manager der alten Schule dazu sagen können: „So ist nun mal ‚die‘ Politik, das interessiert mich am Rande, solange ich hier keine Probleme bekomme. Wir machen erst mal Geschäft und dann schauen wir, was die Politik so macht.“ So ähnlich mögen auch einige Manager bei Apple in der idyllischen kalifornischen Kleinstadt Cupertino gedacht haben, als sie den Auftrag für die Fertigung des iPhone (wie bereits den für den iPod und später das iPad) an Foxconn Electronics Inc. mit Sitz in der taiwanesischen Stadt Taipeh vergaben.

Foxconn, eine Tochtergesellschaft des 1974 von Terry Gou gegründeten Unternehmens Hon Hai Precision Industry Co. Ltd, kannte um 2007 in der breiten westlichen Öffentlichkeit kein Mensch. Erstaunlich, angesichts einer Mitarbeiterzahl von über 1,2 Millionen Menschen und einem Jahresumsatz von rund 132.000 Milliarden US-Dollar. Alles, was die Verbraucher zunächst wahrnahmen, war ein kleingedruckter Satz auf der Rückseite jedes iPhone: „Designed by Apple in California. Manufactured in China.“ Der Auftragshersteller Foxconn lässt allerdings wenig im heimischen Taiwan fertigen, sondern viel umfangreicher in der chinesischen Sonderwirtschaftszone Shenzhen. Anfang 2010 ereigneten sich dort innerhalb kürzester Zeit über ein Dutzend Fälle von Suiziden der Angestellten, meist durch Sprünge vom Dach der Gebäude des Unternehmens. Die Fälle lenkten die Aufmerksamkeit der Weltöffentlichkeit auf die Arbeitsbedingungen bei Foxconn in Shenzhen, wo junge Arbeitskräfte aus dem gesamten ländlichen China wie in Kasernen interniert waren, zwölf Stunden am Tag arbeiteten, sechs Tage die Woche, das Ganze bei exakt festgelegten Zeiten für den Toilettengang und generellem Sprechverbot am Arbeitsplatz.

Der sonst so geniale damalige Apple-CEO Steve Jobs sah den großen Zusammenhang nicht und wiegelte ab. Er erklärte, dass die Selbstmordrate unter Arbeitern bei Foxconn, gemessen an den bekanntgewordenen Fällen, deutlich unter dem Durchschnitt in China und den USA liege und dass die Arbeitsbedingungen bei Foxconn gut seien. Außerdem zeigte er wenig Verständnis dafür, dass nun gerade Apple in die Kritik geriet, wo doch Branchenriesen wie Hewlett-Packard, Intel, Dell und Sony ebenso bei Foxconn fertigen ließen. Das Management in Cupertino übersah hier mindestens zwei große Zusammenhänge. Erstens ist die Apple-Kundschaft nicht nur kaufkräftiger, sondern auch gebildeter und politisch sensibler als der durchschnittliche Käufer von Elektronikprodukten. Zweitens hatte der amerikanische Marketingprofessor Philip Kotler, der zu den zehn einflussreichsten Business-Vordenkern der Welt gezählt wird, gerade den bewussten, ethischen, ökologisch sensiblen Konsum als nächsten Mega-Trend im Marketing ausgerufen. In seinem Buch *Marketing 3.0: From Products to Customers to the Human Spirit* beschreibt Kotler drei große Marketing-Wellen in den Industriegesellschaften der Nachkriegszeit: erstens Bedürfnisbefriedigung, zweitens Erlebniskonsum und schließlich drittens werteorientierten Konsum. Die dritte und neueste Welle zeichnet sich laut Kotler dadurch aus, dass Marketing „den ganzen Menschen mit Körper, Herz und Seele" sieht, Unternehmen eine „Mission und Vision" verfolgen und globale „Partizipation und Kollaboration" zum Thema werden.

Apple beherrschte meisterhaft das „Marketing 2.0" – das auf hedonistischem Erlebniskonsum beruht –, stand der neuen globalen sozialen und ökologischen Sensibilität aber zunächst ratlos gegenüber. Das änderte sich, als die Negativberichterstattung über die Arbeitsbedingungen bei Foxconn nicht abreißen wollte und ein massiver Imageschaden drohte. Mitte Januar 2012 trat Apple nach Jahren des Zögerns der Fair Labor Association (FLA) bei, einem Zusammenschluss von Universitäten, Nichtregierungsorganisationen und Unternehmen, die es sich zum Ziel gesetzt haben, Arbeitsrecht und Arbeitsbedingungen weltweit zu verbessern. Apple setzte sich unmittelbar dafür ein, dass die FLA die Arbeitsbedingungen bei Foxconn untersuchen soll. Der neue Apple-CEO Tim Cook besuchte im Frühjahr 2012 sogar persönlich eine Fabrik von Foxconn in Shenzhen. Weitere Besuche des CEO in China sollten folgen. Plötzlich nahm Apple das Thema ernst und gelobte, sich für Verbesserungen stark zu machen. Die Verantwortlichen sahen nun den Zusammenhang zwischen dem Wohlergehen eines Arbeiters in Shenzhen und dem Wunsch eines Apple-Kunden in Los Angeles, Berlin oder Wien nach einem guten Gewissen beim Kauf.

Jetzt könnten Sie einwenden, dass nach wie vor nur eine Minderheit der Verbraucher ausgeprägt ökologisch und sozial sensibel ist, sich für Fair-Trade-Produkte begeistert oder gar bestimmte Unternehmen aus Gewissensgründen boykottiert. Das ist fraglos richtig. Und dennoch ist das nicht das Entscheidende bei dem Beispiel Foxconn und Apple. Entscheidend ist vielmehr, dass Verbraucher in einer global vernetzten Welt eine enorme Macht haben, mit einem Mausklick an Informationen gelangen, die früher unzugänglich waren, und wie ein großer Schwarm ihr Verhalten innerhalb kürzester Zeit verändern können. Facebook zum Beispiel hatte zunächst enormen Erfolg unter Jugendlichen, doch als die Heranwachsenden später entdeckten, dass ihre Eltern und ihre Chefs nun auch alle auf Facebook waren, wendeten sie sich in Scharen von dem sozialen Netzwerk ab. Facebook-CEO Mark Zuckerberg war so clever, rechtzeitig den Messaging-Dienst WhatsApp und die Foto- und Video-Sharing-Plattform Instagram zu kaufen, die Facebook als virtuelle Lieblings-Aufenthaltsorte der jugendlichen Zielgruppe ablösten. Ähnlichen Weitblick bewies Google im Jahr 2006 mit dem Kauf der damals erst gut ein Jahr alten Plattform YouTube. Die Kaufsumme von 1,6 Milliarden US-Dollar galt seinerzeit als Mondpreis – heute sind die meisten Analysten sich einig, dass sich das Geschäft für Google gelohnt hat. Doch was wird das „nächste große Ding", wie es im Branchenjargon heißt? Im Silicon Valley herrscht eine fast schon hysterisch zu nennende Angst, den Anschluss zu verlieren. Mittlerweile kaufen die Tech-Konzerne bis zu zwei Dutzend Firmen im Jahr dazu, in der Hoffnung, dass wenigstens eine davon zu den nächsten Trendsettern zählen wird. Die Entscheidung über Top oder Flop liegt ausschließlich bei den Konsumenten in aller Welt. Wer deren Entscheidungen nur halbwegs voraussagen will, muss sich mit großen globalen Trends, dem sozialen Wandel, aber auch der Möglichkeit schwerer Krisen und den damit verbundenen Verschiebungen in Wertesystemen befassen.

Während das Silicon Valley global denkt und agiert, gibt es längst auch einen Gegentrend, der die Wirtschaft der Zukunft mindestens ebenso prägen könnte und den zu übersehen oder auch nur zu unterschätzen für viele Unternehmen töricht wäre: Ich meine den Trend zum regionalen und lokalen Wirtschaften, vielfach getragen von örtlichen Gruppen und einem neu erblühenden bürgerschaftlichen Engagement. Zu den Motiven dieser Wirtschaftsform zählt nicht selten der Wunsch, sich von Konzernen unabhängig zu machen und einen möglichst großen Teil der täglichen Versorgung selbstständig und auf lokaler Ebene zu organisieren. So gibt es beispielsweise in vielen Städten Deutschlands die Initiative „Wasser in Bürgerhand“, die darauf zielt, während der vergangenen Jahre an Konzerne oder Finanzinvestoren veräußerte Wasserbetriebe zurückzukaufen und die örtliche Wasserversorgung bürgerschaftlich, nicht-profitorientiert und nach den Regeln der Nachhaltigkeit zu organisieren. In Wien sorgte jüngst die Initiative „Ein Grätzel stellt die Weichen“ für Furore. Das Gelände des ehemaligen Nordbahnhofs im zweiten Wiener Gemeindebezirk ist eine der größten innerstädtischen Entwicklungszonen in Europa. Anders als bei „von oben“ geplanten und durchgesetzten Projekten – wie etwa der London Docklands oder Stuttgart 21 – setzte die Stadt hier von Anbeginn auf die intensive Beteiligung der im „Grätzel“ lebenden Bürger. Mit „Grätzel“ bezeichnet der Wiener sein unmittelbares Wohnumfeld, dem er sich eng verbunden fühlt, also das, was der Hamburger oder Berliner seinen „Kiez“ und der Zürcher sein „Quartier“ nennt. Die Bürgerinnen und Bürger wurden in Wien nicht nur nach ihrer Meinung gefragt, sondern es war explizites Ziel, dass sie sich mit ihrer Erfahrung und ihrem wertvollen lokalen Wissen in den Planungsprozess einbringen. Stadtplaner und Architekten begegneten den ortsansässigen Bürgern wertschätzend und auf Augenhöhe. Für manche beteiligten Unternehmen sind solche Prozesse Neuland. Als moderne Diplomatin kommt es mir hingegen wie die natürlichste Sache der Welt vor, gemeinsam und auf Augenhöhe die für alle Beteiligten bestmögliche Lösung zu finden.

Der Blick aufs große Ganze beginnt innerhalb der Unternehmensmauern

Unternehmen, deren Mitarbeiter es nicht gewohnt sind, über den eigenen Schreibtisch hinauszudenken, werden sich naturgemäß schwertun, in einer offenen, global vernetzten Wirtschaft, in der es entscheidend darauf ankommt, sowohl in großen Zusammenhängen zu denken als auch die Interessen und Bedürfnisse der jeweils vor Ort betroffenen Menschen zu berücksichtigen. Das große Ganze zu sehen ist in vielen Unternehmen zuallererst eine Lernaufgabe für die einzelnen Mitarbeiter und bezieht sich zunächst einmal auf die eigene Organisation. Ich bin schockiert, wenn ich in Unternehmen komme und dort über den Schreibtischen witzig gemeinte – aber nicht witzige – Sprüche lese wie: „Ich werde hier fürs Arbeiten und nicht fürs Denken bezahlt." Im Unternehmen mitzudenken und Mitverantwortung zu übernehmen ist kein intellektueller Luxus, sondern entscheidet zunehmend über Erfolg oder Misserfolg einer Organisation. Je schneller sich Menschen und Märkte verändern, desto weniger ist noch Zeit, erst auf Instruktionen „von oben" zu warten, bevor etwas geschieht. Die innovativsten Firmen der Welt bestehen heute bereits aus einer Vielzahl kleiner, agiler Teams, in denen alle ihre Rolle kennen, sich ergänzen und an einem Strang ziehen.

Heute kommt es mir vielfach noch so vor, als ob Führungskräfte und Mitarbeiter in Unternehmen sich fragen „Wie stehe *ich* am besten da?" und nicht „Wie stehen wir alle am besten da?" In geradezu grotesker Weise erlebte ich das vor einiger Zeit, als ich Führungskräfte trainierte und während dieses Trainings mit zwei Verantwortlichen aus zwei unterschiedlichen Abteilungen desselben Unternehmens zu tun bekam. Schon nach kurzer Zeit merkte ich anhand vieler kleiner Signale, dass das Verhältnis der beiden Manager untereinander nicht das Beste war. Das machte mich neugierig. Ich unterhielt mich lange mit beiden Führungskräften, und es stellte sich heraus, dass jeder für sich davon überzeugt war, ausgezeichnete Arbeit abzuliefern und alles richtig zu machen. Das Problem dabei war, dass die beiden Manager und ihre jeweiligen Abteilungen nicht wirklich zusammenarbeiteten. Abteilung A sah die Welt durch ihre Brille und glaubte, perfekte Ergebnisse an Abteilung B zu liefern. Abteilung B konnte mit dem, was Abteilung A lieferte, jedoch oft wenig anfangen und begann deshalb manchmal wieder von vorn. Am Ende waren die Mitarbeiter in Abteilung B genauso mit sich zufrieden wie in Abteilung A, denn sie sahen sich als Team, das aus allem das Beste machte und es immer hinbog, auch wenn Abteilung A mal wieder unbrauchbare Vorarbeit geleistet hatte. Niemand kam auf die Idee, sich abteilungsübergreifend zusammenzusetzen und auf gemeinsame Standards zu einigen, um mit den geringstmöglichen Reibungsverlusten das bestmögliche Ergebnis für das gesamte Unternehmen zu erzielen. Am wenigsten waren die beiden verantwortlichen Manager bisher auf diese Idee gekommen. Entweder waren sie unfähig gewesen, den größeren Zusammenhang zu sehen, oder sie waren so erstarrt in ihrer Selbstzufriedenheit, dass sie daran kein Interesse mehr hatten. In dem Führungskräftetraining bekamen sie zum ersten Mal ihre Situation gespiegelt und öffneten sich daraufhin für neue Perspektiven: Wo stehe ich, wo steht mein Team und wo stehen wir im Kontext der gesamten Organisation?

Wie wichtig es ist, dass alle das große Ganze sehen und an einem Strang ziehen, habe ich während meiner Arbeit in Liechtenstein auf unvergessliche Weise erlebt. Ich war verantwortlich für die positive Außenwirkung des gesamten Landes und hatte dabei insbesondere die Berichterstattung in den internationalen Medien im Blick. Als ich in das Fürstentum kam und meine Arbeit dort aufnahm, fand ich unter den damals rund 34.000 Einwohnern ein ausgesprochenes Kirchturmdenken vor: die Treuhänder, die Banken, die Tourismusmanager – alle dachten in ihren kleinen Kategorien und kochten ihr eigenes Süppchen. Nachdem erste negative Berichte in internationalen Medien zum Thema Liechtenstein und kriminelles Geld aufgetaucht waren, arbeiteten wir hart daran, die Zusammenarbeit zu verbessern. Schon bald sollte der Zusammenhalt der Liechtensteiner auf eine Bewährungsprobe gestellt werden, die das kleine Land für immer veränderte.

Wenn Sie an einem sonnigen Sommertag die liechtensteinische Hauptstadt Vaduz besuchen, kommen Sie in eine lebens- und liebenswerte Kleinstadt zu Füßen einer prächtigen Alpenkulisse. An einem sanft ansteigenden Hang des Rheintals sehen Sie gepflegte Weinberge und schmucke Bauten wie etwa das Rote Haus, ein historisches Treppengiebelhaus mit angeschlossenem Wohnturm. Über allem thront eindrucksvoll Schloss Vaduz, der Wohnsitz der fürstlichen Familie, dessen ältester Teil aus dem 12. Jahrhundert stammt. Vorbei am Kubus des modernen Kunstmuseums kommen Sie über eine von Touristen bevölkerte Fußgängerzone in das Regierungsviertel. Das heutige liechtensteinische Landtagsgebäude wurde 2008 nach siebenjähriger Bauzeit eröffnet. Eine Million auffallende, bei Sonnenschein golden schimmernde Klinkersteine sind hier verbaut worden. Die helle Farbe dieser Steine dominiert auch den neu angelegten Peter-Kaiser-Platz vor dem Regierungsgebäude, und wenn es ein wirklich strahlender Tag ist, setzen Besucher ihre Sonnenbrillen auf, um von dem reflektierten Licht nicht geblendet zu werden. Am Ende des Platzes befindet sich schließlich das alte Regierungsgebäude, ein imposantes Bauwerk, das um 1900 im Stil der Neo-Renaissance errichtet wurde. Hier war mein Arbeitsplatz als Leiterin der Stabsstelle für internationale Kommunikation. Für mich war es ein Traumjob, was zum einen an meinem hervorragenden Team und der spannenden Aufgabe lag, erstmals für ein gesamtes Land eine Kommunikationsstrategie zu entwickeln. Zum anderen lag es an der Lebensqualität dieses Ortes in der wunderbaren Natur zwischen den Vorarlberger und Schweizer Alpen.

Im Februar 2008 war es jedoch mit meiner Lebensqualität schlagartig vorbei. Tagelang saß ich mit vier Mitarbeitern in einem Raum des alten Regierungsgebäudes, wo sieben Telefone fast rund um die Uhr läuteten. Gleichzeitig erreichten uns täglich rund 80 E-Mails mit dem Verlangen nach Stellungnahmen, das teilweise freundlich, teilweise aber auch brüsk vorgetragen wurde. Wir arbeiteten ohne Pause und ernährten uns von belegten Brötchen und Kaffee, die in den Raum getragen wurden. Wenn wir aus den Fenstern schauten, sahen wir statt der Touristen, die im Sommer über den Platz flanieren, Scharen von Reportern und Kameraleuten aus aller Welt. Auch im Foyer des Regierungsgebäudes warteten Kamerateams, Berichterstatter mit Mikrofonen und Journalisten mit Notizblöcken. Die Hotels im gesamten Fürstentum und wohl auch in der angrenzenden österreichischen Stadt Feldkirch waren ausgebucht. Wir fünf bildeten einen Krisenstab und ich war dessen Leiterin. Was war geschehen?

Am frühen Morgen des 14. Februar 2008 wurde der Vorstandschef der Deutschen Post AG, Klaus Zumwinkel, in seinem Haus im Kölner Stadtteil Marienburg verhaftet und vor laufenden Fernsehkameras abgeführt. Der Vorwurf lautete Steuerhinterziehung von 1,18 Millionen Euro. Die Informationsquelle der für Steuerstrafsachen zuständigen Staatsanwaltschaft Bochum war brisant: eine CD mit gestohlenen Kundendaten der größten Bank in Liechtenstein, die der deutsche Geheimdienst BND einem illoyalen Bankmitarbeiter für einen Millionenbetrag und das Versprechen einer neuen Identität entlockt hatte. Auf dieser CD befand sich auch der Name des Chefs des größten Logistik- und Postunternehmens der Welt. Die

Steuerbehörden wollten offenbar ein Exempel statuieren und machten aus der Verhaftung von Klaus Zumwinkel ein Medienspektakel. Der Parteifreund des sozialdemokratischen deutschen Finanzministers Peer Steinbrück hatte lange als Vorzeigemanager gegolten.

Ebenso wie über den Chef der Deutschen Post fielen die Medien bereits Stunden später über Liechtenstein her. Das Fürstentum kam in einen Sog negativer Berichterstattung. Für die Boulevardpresse schien ohne Überprüfung klar: In Liechtenstein können Steuersünder unbehelligt ihr Schwarzgeld verstecken, weil das Land insgeheim davon profitiert. Einige Mitglieder der deutschen Bundesregierung sahen offenbar die Chance, sich als Anwälte des ehrlichen Steuerzahlers zu profilieren, und heizten die Ressentiments noch weiter an. Nach einem Monat fanden sich 514 negative Medienbeiträge in meinem Ordner. So viele Beiträge hatten wir sonst in einem Jahr. Ich las noch einmal die in deutschen Zeitungen erschienenen Schlagzeilen: „Aufenthaltslager für Steuerflüchtlinge", „Fürstentum attackiert Berlin", „Steinbrück will Vaduz austrocknen", „Nächste Woche knallt es wieder". Wir haben in der Auswertung der Medienberichterstattung immer mit drei Größen gearbeitet: positiven, neutralen und negativen Berichten. In normalen Zeiten hatten wir durchschnittlich 30 Prozent positive, 62 Prozent neutrale und acht Prozent negative Berichte. Nun hatten wir eine Katastrophenstatistik: 97 Prozent negative, drei Prozent neutrale und keinen einzigen positiven Artikel. Wie sollten wir aus dieser Misere je wieder herausfinden?

Drei Monate später. Ich saß wieder an meinem Schreibtisch im Krisenraum und ein junger Mitarbeiter, der alle Medienberichte erfasste und analysierte, kam zur Tür herein. Ich war zermürbt von der Krise und dachte: „Du meine Güte, bitte nicht noch einmal so eine negative Auswertung!" Der junge Mann machte ein Pokerface und ließ mich so im Unklaren über das, was mich erwartete. Zögernd studierte ich die Excel-Tabelle, die er auf meinen Schreibtisch gelegt hatte. Dann atmete ich erleichtert durch. Wir hatten nur noch 23 Prozent negative, dafür 67 Prozent neutrale und schon wieder 10 Prozent positive Artikel. Ein weiteres Jahr später wurde Liechtenstein in den internationalen Medien als grundsätzlich dialogwilliger und kooperationsbereiter Partner dargestellt, der teilweise sogar von der EU in seinen positiven Bemühungen blockiert wird. Die sogenannte Weißgeldstrategie, die Liechtenstein in einer Erklärung vom 12. März 2009 verkündete, erhielt weltweit große Anerkennung. Wir hatten es geschafft! Das PR-Desaster war überstanden; ein dauerhafter Imageschaden war ausgeblieben und über das Fürstentum wurde im Ausland wieder wohlwollend berichtet. Obwohl wir sicherlich einen guten Job gemacht hatten, war diese Trendwende keineswegs allein das Verdienst meiner Abteilung. Alle Liechtensteiner in verantwortlichen Rollen hatten ihren Anteil daran und konnten stolz auf sich und ihr Land sein. Denn statt in der Krise nur die eigene Haut retten zu wollen, hatten sie das große Ganze gesehen, zusammengestanden und sich nicht gegeneinander ausspielen lassen.

Dazu sollten Sie Folgendes wissen: Egal, ob Sie als Regierung eines Staates oder als Unternehmen in eine Krise geraten – immer werden Vertreter bestimmter Medien versuchen, ein ganz bestimmtes Spiel mit Ihnen zu spielen. Sie rufen einen möglichen Ansprechpartner nach dem anderen an und hoffen, dass der eine was anderes sagt als der andere. Sie zitieren dann das, was die größten Widersprüche, Ungereimtheiten und Fehler aufzeigt. So wird die Krise absichtlich zum Skandal gemacht. Bei uns in Liechtenstein war es damals genauso: Alle wurden von den Medien angerufen und mit Fragen gelöchert – die Parlamentsabgeordneten, die Staatsanwälte, die Beamten der Steuerverwaltung, die Vertreter des Bankenverbands, der Industrie- und Handelskammer und der Treuhänder-

Vereinigung sowie natürlich auch die Angehörigen des Fürstenhauses. Bloß hat es bei uns in Liechtenstein nicht geklappt, die Leute gegeneinander auszuspielen. Wir waren früher aufgestanden. Wir hatten längst alle relevanten Verbände und Interessengemeinschaften für die internationale Öffentlichkeitsarbeit vereint. In der Krise haben dann alle einigermaßen widerspruchsfrei argumentiert. Das wichtigste dabei war, dass jeder das große Ganze sah. Niemand erlag der Versuchung, sich selbst herauszureden und dafür andere zu belasten. Die meisten waren sich bewusst, dass sie nicht nur für sich und ihre Institution, sondern für das ganze Land sprachen.

In der Unternehmensführung gewinnt der Blick aufs große Ganze und die aktive Einbeziehung sämtlicher Anspruchsgruppen seit einigen Jahren unter dem Stichwort „Stakeholder-Management" an Bedeutung. Als Diplomatin begrüße ich diese Entwicklung sehr. Die Organisation wird hier nicht mehr im alten Taylor'schen Sinn als etwas Geschlossenes betrachtet, sondern als grundsätzlich offen und in alle denkbaren Richtungen vernetzt. Sobald der Blick aufs Ganze innerhalb der Unternehmensmauern selbstverständlich ist, ist es an der Zeit, diese Mauern im Kopf einzureißen. Stakeholder-Management zählt nicht nur Unternehmenseigner, Manager, Mitarbeiter, Kunden und Lieferanten zu den Anspruchsgruppen eines Unternehmens, sondern alle, die irgendwo auf der Welt vom Handeln des Unternehmens betroffen sein können, einschließlich der breiten demokratischen Öffentlichkeit. In der Praxis des Managements bedeutet das, immer wieder die Perspektive zu wechseln und Sachverhalte durch die Augen unterschiedlicher Gruppen zu betrachten. Im nächsten Schritt gilt es, in einen Dialog mit diesen Gruppen einzutreten. Ich bin davon überzeugt, dass die Wirtschaft der Zukunft eine Wirtschaft des offenen Dialogs sein wird, in der es alltäglich ist, große Zusammenhänge zu sehen. Das Adlerauge sieht jedoch nicht ausschließlich das große Ganze, sondern immer auch den einzelnen Menschen als kleinste Einheit eines Systems. Klaus Zumwinkel wurde zu zwei Jahren Haft auf Bewährung und einer Geldstrafe von einer Million Euro verurteilt. Er lebt heute als Privatier in London und am Gardasee – gewiss ohne finanzielle Sorgen, doch mit zerstörter Reputation. Die Art und Weise, wie er 2008 in den Medien an den Pranger gestellt wurde, sehen rückblickend auch viele deutsche Journalisten kritisch.

KAPITEL 4

Kompromisslos: Wo ein Problem ist, gibt es auch eine Lösung

Bereits der chinesische Philosoph Konfuzius (551–479 v. Chr.) wusste: „Der Weise ist friedliebend, aber er kennt keine Kompromisse. Der gewöhnliche Mensch macht Kompromisse, aber er ist nicht friedliebend." Es ist ein verbreiteter Irrtum zu glauben, Diplomatie sei auf der Suche nach Kompromissen. Tatsächlich geht es darum, die bestmögliche Lösung für alle Beteiligten zu finden. Das ist alles andere als ein Kompromiss, bei dem sich die Konfliktparteien lediglich in der Mitte treffen.

Egal, um welchen Krisenherd der Welt es sich handelt, – beinahe täglich lesen und hören Sie in den Medien von der angeblichen „diplomatischen Suche nach einem Kompromiss". In Wirklichkeit suchen Diplomaten niemals nach Kompromissen. Die meisten Diplomaten sind vielmehr kompromisslos auf der Suche nach der für alle Betroffenen besten Lösung für ein Problem. Manche sind überrascht, wenn sie hören, dass das Wort „Kompromiss" in der Sprache der Diplomatie überhaupt nicht vorkommt. Diplomaten kämen nie auf die Idee, nach erfolgreichen Verhandlungen von einem Kompromiss zu sprechen. Wenn von Kompromissen die Rede ist, dann ist das stets eine Interpretation seitens Außenstehender, vor allem seitens der Medien. Nun heißt dies freilich nicht, dass es in der diplomatischen Welt überhaupt keine Kompromisse gäbe. Es ist lediglich ein Unterschied, ob ein Kompromiss das Ziel der Bemühungen um eine Problemlösung ist oder nicht. Wir Diplomaten wollen stets mehr erreichen als „faule" Kompromisse. Wenn Verhandlungsergebnisse doch einmal zu wünschen übrig lassen, dann betonen wir das Positive der gefundenen Lösung, damit niemand schlecht dasteht. Meist können nur andere Diplomaten – sowie sehr erfahrene Politiker und Journalisten – zwischen den Zeilen der Diplomatensprache herauslesen, wie eine gefundene Lösung wirklich zu bewerten ist: War es ein Durchbruch? Oder ein Minimalfortschritt? Ist gar alles beim Alten geblieben? Oder ist am Ende doch eine Art Kompromiss herausgekommen, selbst wenn dieses Wort in der Diplomatie tabu ist? Diplomaten agieren im Hintergrund. Deshalb formulieren sie Verhandlungsergebnisse auch nicht wie eine Presseerklärung, sondern so, dass für das weitere Vorgehen möglichst viele Türen offen bleiben.

Sehr viele Diplomaten haben eine positive Grundhaltung. Sie sagen sich: Wo ein Problem ist, da gibt es auch eine Lösung. Nicht irgendeine Lösung, sondern die beste für alle Betroffenen. Vielleicht ist diese Lösung zunächst noch nicht erkennbar, doch mit Sachkenntnis, Offenheit, Beharrlichkeit und einem guten Schuss Kreativität lässt sie sich finden. Das gilt nicht nur für Verhandlungen in Krisensituationen, sondern für alle Probleme, bei denen Diplomaten weltweit an Lösungen arbeiten – von der Heimreise für den Rucksacktouristen, der sein Geld und seine Papiere verloren hat, bis hin zur Rückgabe sogenannter Beutekunst an ihre rechtmäßigen Eigentümer. Ich halte diese positive Grundhaltung allen Problemen gegenüber für ein Erfolgsrezept der Diplomatie. An dieser Stelle spüre ich jedoch bei meinen Vorträgen oft eine gewisse Zurückhaltung im Publikum. Ich sehe skeptische Blicke, manchmal sogar Kopfschütteln. In der anschließenden Diskussion sprechen dann einige aus, was wohl manche gedacht haben: „Es gibt immer eine Lösung? So ein Unsinn!" Die Diplomatie versage doch ständig, wird argumentiert. Stattdessen sprächen die Waffen. Andere fragen: „Wie wollen Sie Terroristen mit Diplomatie stoppen?" Und wieder andere sind überzeugt, am Ende werde doch immer gemacht, was die Banken und die Konzerne wollen.

Ich nehme solche Einwände sehr ernst. Diplomaten können da natürlich erwidern, ohne sie sähe die Welt noch schlechter aus. Doch das allein halte ich für keine befriedigende Antwort. Wir stehen hier vielmehr vor einem grundlegenden Dilemma: Wenn irgendwo auf der Welt Terroristen eine Bombe zünden oder Kampfjets unangekündigt Luftangriffe fliegen, verbreiten sich die Bilder oft Minuten später über das Internet. Wenn dagegen Diplomaten in schwierigen und nicht selten streng geheimen Verhandlungen einen Durchbruch erzielen, bekommt die Öffentlichkeit das gar nicht mit. Werden später politische Entscheidungen getroffen, die von Diplomaten vorbereitet wurden, ist es die Aufgabe der Politiker, nicht der Diplomaten, diese Beschlüsse gegenüber der Öffentlichkeit zu vertreten. Diplomatie wirkt, doch die Erfolge sind für die Öffentlichkeit selten unmittelbar zu sehen. Diskretion gehört zum Handwerkszeug der Diplomatie und ist gleichzeitig ihr größtes Handicap.

Nun könnte jeder Diplomat damit im Grunde gut leben. Wer eine Diplomatenschule besucht, weiß, dass er später meistens im Hintergrund arbeiten wird. Die Botschafter und Konsuln werden hin und wieder auf Partys von der

Regenbogenpresse abgelichtet, doch darauf beschränkt sich die öffentliche Wahrnehmung manchmal auch. Wer darauf aus ist, vor Menschenmassen zu reden, aufsehenerregende Pressekonferenzen zu geben oder von Talkshow zu Talkshow weitergereicht zu werden, der muss in die Politik gehen und nicht in die Diplomatie. Das eigentliche Dilemma ist ein anderes und betrifft Politik und Wirtschaft, Diplomatie und Management gleichermaßen. Es lautet: Wie ist die diskrete Suche nach Problemlösungen in einer Mediengesellschaft überhaupt möglich? Oder anders formuliert: Ist Geheimhaltung noch zeitgemäß? Malen uns Zukunftsforscher, Businessgurus und Internet-Unternehmer nicht die Wirtschaft der Zukunft als einen Hort maximaler Transparenz aus? Sind Diplomaten – und Manager – bald hoffnungslos von gestern, wenn sie unter Ausschluss der Öffentlichkeit nach Problemlösungen suchen? Bevor ich in diesem und im folgenden Kapitel näher darauf eingehe, was sich bei Problemlösung und Konfliktentschärfung von der Diplomatie lernen lässt, möchte ich der bisweilen radikal vorgetragenen Forderung nach Transparenz in Politik und Wirtschaft einige Überlegungen widmen.

Transparenz und ihre Grenzen: Ist in Zukunft alles öffentlich?

Kaum jemand hat sich wohl in den letzten Jahren so sehr als Fürsprecher einer radikalen Transparenz profiliert wie Mark Zuckerberg, der Gründer und CEO des sozialen Netzwerks Facebook. Er vertritt die Vision einer absolut transparenten Welt und sieht es als Teil der Mission von Facebook, die Welt immer transparenter zu machen. Bei Mark Zuckerberg klingt der Wunsch nach Privatsphäre ungefähr so zeitgemäß wie die Forderung nach für Frauen und Männer getrennten Badestränden. Doch wie transparent ist das Unternehmen Facebook? Der österreichische Facebook-Kritiker Maximilian Schrems erregte bereits 2011 einiges Aufsehen mit seinem Versuch, Facebook zur Herausgabe aller über ihn gespeicherten Daten zu bewegen. Die Schwierigkeiten begannen damit, bei Facebook überhaupt einen passenden Ansprechpartner zu finden. Bis heute verfügt der Milliardenkonzern ja über keinen nennenswerten Customer Service und verweist bei Problemen meist auf Hilfe-Foren, in denen sich die Nutzer gegenseitig unterstützen sollen. Obwohl Maximilian Schrems, seinerzeit noch unbekannter Wiener Jus-Student, einen eindeutigen Rechtsanspruch auf den vollständigen Datensatz hatte, war es ein zäher Kampf, bis er schließlich 1.200 Seiten mit seinen Daten in der Post hatte. Medienberichten zufolge waren dies jedoch nicht einmal alle über ihn gespeicherten Daten. Laut Facebook deshalb nicht, weil bei einigen die Generierung zu aufwendig gewesen wäre und andere – so wörtlich – dem „Geschäftsgeheimnis von Facebook“ unterlägen. Schrems glaubte durch die erhaltenen Datensätze allerdings beweisen zu können, dass auch „gelöschte“ Inhalte noch auf den Servern des Unternehmens aus dem Silicon Valley lägen. In der deutschen politischen Zeitschrift *Cicero* erschien daraufhin ein Artikel mit der Überschrift „Facebook: Gläserne Nutzer, nebulöser Konzern“. Tatsächlich springt die Asymmetrie ins Auge. Da predigt jemand maximale Transparenz, beruft sich aber aufs „Geschäftsgeheimnis“, wenn andere dasselbe von ihm fordern. Das ist der erste Einwand, den ich gegen radikale Forderungen nach Transparenz habe: Beruht die Transparenz auf Gegenseitigkeit? Oder möchte da jemand andere durchleuchten, um seinen eigenen Nutzen zu mehren? Sofern Letzteres der Fall ist, habe ich dafür in meinem Sprachgebrauch andere Begriffe als Transparenz: Voyeurismus zum Beispiel. Oder, wenn ethische und rechtliche Grenzen überschritten werden: Spionage.

Mein zweiter Einwand gegen die totale Transparenz ist die Beobachtung, dass hinter dieser Forderung oft ein bestimmter Verdacht steckt, ein Argwohn, ein *soupçon*. Erregte nicht die Enthüllungsplattform Wikileaks auch deshalb so viel Aufsehen, weil viele hinter allem, was nicht offen zutage liegt, generell Schlechtes vermuten? In einer Umfrage aus dem Jahr 2014 gaben 19 Prozent der Österreicher an, Politikern grundsätzlich nicht zu vertrauen. 53 Prozent sagten, sie vertrauten Politikern eher nicht. Eher Vertrauen als Misstrauen zu haben, bekundeten 27 Prozent. Und wie viele sagten, dass sie Politikern grundsätzlich vertrauen? Null Prozent. Wer glaubt, Topmanagern ginge es viel besser als Politikern, sieht sich getäuscht. Bei einer Befragung des renommierten deutschen Forsa-Instituts gaben nur zwölf Prozent der Befragten an, Managern zu vertrauen. Zum Vergleich: Der Polizei vertrauen 82 Prozent, dem Papst 55 Prozent und selbst den Parteien noch 23 Prozent der Deutschen. Julian Assange, der Gründer von Wikileaks, veröffentlichte 2006 einen Aufsatz mit dem Titel *Conspiracy as Governance*, in dem er seine Überzeugungen darlegt. Darin bezeichnet er jede mit Autorität ausgestattete *Governance* bereits als „Verschwörung", die zum Schaden der Bevölkerung arbeite. Ein weiteres Indiz dafür, wie sehr Misstrauen und Argwohn die Forderung nach dem Ende aller Geheimhaltung zu beflügeln scheint. Assange, der der amerikanischen Tea-Party-Bewegung nahesteht, kann auch den demokratischen Regierungen dieser Welt offenbar nichts Positives abgewinnen. Doch ist solch extremes Misstrauen wirklich gerechtfertigt?

Kein Zweifel: Der Generalverdacht breiter Bevölkerungsschichten gegenüber Politik und Wirtschaft wird von Teilen der Massenmedien angeheizt. *Good news is no news*, lautet eine zynische Devise des Journalismus – mit Negativberichterstattung lassen sich mehr Emotionen schüren. Emotionen sorgen für Aufmerksamkeit, das wichtigste Schmiermittel der Medien im Kampf um höhere Auflagen. Ich habe im vorherigen Kapitel lediglich in groben Zügen berichtet, was ich als Leiterin der Stabsstelle für die internationale Kommunikation des Fürstentums Liechtenstein während der deutsch-liechtensteinischen Steueraffäre erlebt habe. Wer einmal in einen Strudel negativer Berichterstattung geraten ist, in dem alle versuchen, den Skandal noch größer zu machen, und in dem differenzierende Stellungnahmen kaum noch eine Chance haben, der weiß, dass man daran schier verzweifeln kann. Dennoch wäre bloße Medienschelte an dieser Stelle ungerecht. Erstens können die Medien nur über das berichten, was offen zutage liegt, und nicht über das, was Politiker, Diplomaten oder auch Topmanager hinter verschlossenen Türen vereinbaren. Zweitens haben die Medien als „vierte Gewalt" einer Demokratie die Verpflichtung, kritisch zu berichten und Missstände aufzudecken. Außerdem gehören bei negativer Berichterstattung immer zwei dazu: diejenigen, die negativ berichten, und diejenigen, die diese Berichte gierig aufsaugen. Hier nehme ich manchmal eine gewisse Doppelmoral wahr: Wie viele derjenigen, die mit dem Finger auf einen Steuersünder zeigen, der vor laufenden Kameras abgeführt wird, waren in eigenen Steuerdingen immer zu hundert Prozent ehrlich?

Ich bezweifle, ob die modische Vision einer totalen Transparenz tatsächlich Politik und Wirtschaft der Zukunft prägen wird. Für viel wahrscheinlicher halte ich, dass das Pendel wieder ein Stück zurückschwingt. Längst definieren zum Beispiel die liberalen Parteien der westlichen Welt das Recht auf Privatsphäre als unverzichtbaren Teil der Bürgerrechte. Auch die europäischen Grünen warnen vor „Totalüberwachung" und haben sich den Schutz der Privatsphäre auf die Fahnen geschrieben. Es ist ja nun auch nicht so, als ob Transparenz etwas völlig Neues wäre und es bislang keinerlei Transparenz gegeben hätte. Im Gegenteil,

Politik und Diplomatie ringen schon lange um das rechte Maß an Transparenz. So wussten noch im 19. Jahrhundert weite Teile der europäischen Bevölkerung nicht, was ihre nationalen Politiker überhaupt entschieden hatten und mit welchen ausländischen Mächten sie paktierten. Es war das Zeitalter der Geheimbünde. Nach der Katastrophe des Ersten Weltkriegs sahen viele in den Geheimverträgen eine wesentliche Ursache der Eskalation. Deshalb forderte US-Präsident Woodrow Wilson (1856–1924) in seinem 14-Punkte-Programm vom 8. Januar 1918 ein Verbot der Geheimdiplomatie. Gleichzeitig war die Veröffentlichung sämtlicher Geheimverträge ein Versprechen der russischen Oktoberrevolution. Das Ende der Ära der Geheimbünde war damit jedoch keineswegs besiegelt, denken Sie nur an das berüchtigte geheime Zusatzprotokoll des Hitler-Stalin-Paktes von 1939, das die Aufteilung Polens vorsah. Ein viel größerer Treiber der Transparenz als alle Absichtserklärungen war der Fortschritt der Kommunikationstechnologie. „Mein Gott, das ist das Ende der Diplomatie!“, soll bereits der britische Außenminister und spätere Premierminister Lord Palmerston (1784–1865) ausgerufen haben, als er in den 1840er-Jahren die erste Nachricht per Telegraf erhielt. Als Radio und Funk in den 1920er-Jahren ihren Siegeszug antraten, gab es einen weiteren Aufschrei in diplomatischen Kreisen. Nach dem Zweiten Weltkrieg kam das Fernsehen hinzu und stellte unter anderem die Amerikaner in Vietnam vor die Frage, inwiefern eine Demokratie angesichts täglicher Kriegsbilder im Fernsehen noch Krieg führen kann. Heute sind das Internet und dadurch zuletzt die Social Media hinzugekommen. Berichtet wird nahezu in Echtzeit und vor allem nicht mehr allein von Journalisten, sondern via Twitter und YouTube von jedermann. Das hat die Transparenz nochmals enorm gesteigert. Inzwischen gibt es sogar Parlamentarier, die aus laufenden Debatten „twittern“ – in meinen Augen ein Unding!

Statt über immer mehr Transparenz sollten wir auch einmal über den Segen der Diskretion diskutieren. Wenn ich Führungskräfte erlebe, die meinen, sie müssten nun jeden ihrer Schritte via Internet öffentlich machen, weil der totalen Transparenz doch die Zukunft gehöre, dann widerspreche ich als Diplomatin und Kommunikationsexpertin ganz entschieden. Vertraulichkeit und Diskretion schaffen einen geschützten Rahmen, in dem Menschen sich öffnen und in alle Richtungen nach Lösungen für ein Problem suchen können. Wo jede Äußerung sofort öffentlich ist, positionieren sich die Beteiligten auch permanent, da geht es immer sofort um die Außenwirkung. Eine kreative Problemlösung zum Besten aller Betroffenen wird damit bereits im Keim erstickt. Von diskreter Problemlösung deutlich zu unterscheiden ist allerdings das sogenannte Lobbying. Im Gegensatz zu Diplomaten setzen Lobbyisten nicht auf Lösungsfindung, sondern haben den Auftrag, eine ganz bestimmte Forderung durchzusetzen. Diskretion ist für sie kein geschützter Raum, sondern dient der Verschleierung ihrer Absichten. So löste es in der Schweiz heftige Diskussionen aus, als bekannt wurde, dass der ehemalige Botschafter Thomas Borer für 30.000 US-Dollar Monatshonorar im Dienst der autoritären Regierung von Kasachstan stand. Nach einem Bericht des Zürcher *Tages-Anzeiger* sollte er unter anderem die Auslieferung eines in der Schweiz inhaftierten Exil-Kasachen bewirken und dazu Insiderinformationen aus der Bundesanwaltschaft beschaffen. Keine Frage: Es ist ein schmaler Grat zwischen gebotener Transparenz und nötiger Diskretion. Auch Diplomaten arbeiten nicht immer verdeckt, sondern manchmal auch ganz offen. Ich möchte Sie mit meinen Ausführungen ermutigen, radikalen Thesen wie der von der maximal transparenten Welt der Zukunft nicht unkritisch zu folgen, sondern jeweils Ihre eigene Linie zu finden, mit wie viel Diskretion und wie viel Offenheit Sie am zweckmäßigsten agieren.

Mit Optimismus und Hausverstand zu kreativen Lösungen

Beim Stichwort Diplomatie denken wohl nicht wenige als Erstes an Verhandlungen. In Karikaturen erscheinen Diplomaten entsprechend klischeehaft als Anzugträger mit schwarzen Attachékoffern auf dem Weg zum Verhandlungstisch. Zwar ist das Verhandeln die vielleicht anspruchsvollste Tätigkeit des Diplomaten, doch machen Verhandlungen nur einen sehr kleinen Teil des diplomatischen Alltags aus. Viel öfter geht es darum, in fremden Kulturen praktische Lösungen für das eigene Land und seine Staatsbürger zu finden. Übrigens nicht immer ausschließlich für das eigene Land und seine Bürger, denn manchmal übernehmen Botschaften und Konsulate auch die Vertretung für befreundete Staaten, sei es temporär, etwa in Folge eines Abbruchs diplomatischer Beziehungen, oder auf Dauer, weil für das andere Land eine eigene Vertretung nicht lohnend wäre. So hat zum Beispiel die deutsche Botschaft in Phnom Penh den konsularischen Schutz der österreichischen Staatsbürger in Kambodscha übernommen; die zuständige österreichische Botschaft befindet sich in Thailand. Je exotischer das Land, könnte man meinen, desto mehr gehören findige Problemlösungen zum Alltag der Diplomaten. In diesem Punkt sind Diplomaten Führungskräften der Wirtschaft sehr ähnlich: Während in einer Konzernzentrale in Europa vielleicht am meisten strategisches Denken zählt, käme ein Manager, der in einem Schwellenland eine Produktionsstätte neu aufbauen soll, mit Strategie allein kaum weiter. Zum Leben des Diplomaten gehören nicht nur Smoking und Champagner, sondern genauso oft Tropenhemd und Kühlwasser für den Jeep. Diplomaten müssen nicht nur rhetorisch, sondern auch handwerklich geschickt sein. Häufige Umzüge in unterschiedliche Klimazonen dürfen ihnen nichts ausmachen. Improvisationstalent gehört ebenso zur Diplomatie wie Optimismus und Hausverstand.

Bereits auf meiner ersten Station im Senegal wurden mein Optimismus und mein Hausverstand auf eine ziemliche Probe gestellt. Ohne die positive Grundüberzeugung, dass es für jedes Problem eine Lösung gibt, wäre ich manchmal verzweifelt und hätte vielleicht zu früh aufgegeben. In den 1980er-Jahren war die Infrastruktur in dem westafrikanischen Land eine Katastrophe. Es gab nur wenige befestigte Straßen, eine extrem langsame und unzuverlässige Post und noch keinen Mobilfunk. Selbst herkömmliche Telefone gab es ausschließlich in der Hauptstadt Dakar, wo wir nie wussten, ob das Telefonnetz gerade funktionierte oder einen seiner vielen Ausfälle hatte. Viele Einwohner waren Analphabeten, was die Kommunikation in offiziellen Angelegenheiten nicht gerade erleichterte. Wenn nun ein österreichischer Staatsbürger in Bedrängnis war, mussten wir uns oft etwas einfallen lassen, um helfen zu können. Ich erinnere mich zum Beispiel noch gut an den Fall eines Weltenbummlers und Lebemanns, der mit seinem Boot über die kapverdischen Inseln an die senegalesische Küste gelangt und dort von der Polizei verhaftet worden war. Dieser Mann verdiente sich das Geld für seine Weltreisen mit anscheinend etwas windigen Geschäften, und wenn ich mich recht erinnere, wurde ihm von den senegalesischen Behörden Hehlerei vorgeworfen. So saß er nun in einem Provinzgefängnis, und es war meine Aufgabe, ihn zu besuchen, mir ein Bild zu machen und alles Nötige in die Wege zu leiten. Mit einem kleinen, dunkelblauen Peugeot machte sich also eine junge weiße Frau allein auf den Weg zu einem Gefängnis weit außerhalb der Hauptstadt. Was mich dort erwartete, war schlimmer als meine ohnehin schon großen Befürchtungen. Der Österreicher saß mit 40 Leuten in einer Zelle, in der das Gesetz des Dschungels regierte. Glücklicherweise war es ihm gelungen, sich in der erbarmungslosen Hierarchie halbwegs Respekt zu verschaffen und von den brutalen Chefs in der Zelle in Ruhe gelassen zu werden. Der Mann, er war Anfang 40, machte auf mich einen aufgeräumten und durchaus sympathischen Eindruck. Da zeigte sich allerdings ein akutes Problem: Er drohte zu verhungern! In den senegalesischen Gefängnissen gab es nämlich keine Gefängnisküche und keine Essensausgabe. Vielmehr war es so, dass die Angehörigen den Inhaftierten ihr Essen brachten. Vom Gefängnis aus gab es nicht einmal eine Scheibe Brot. Was sollte ich jetzt bloß machen? Ich konnte den Mann ja schlecht verhungern lassen. Sollte ich wildfremde Menschen in einem armen afrikanischen Land, in dem Weiße als Kolonialisten verhasst waren, bitten, einen inhaftierten Österreicher durchzufüttern? Die Situation schien aussichtslos. Doch ich bewahrte wie immer meinen Optimismus und glaubte fest an eine Lösung. Ich sah mich in der Umgebung des Gefängnisses um, fragte mich durch und traf schließlich auf einen französischen Missionar. Nachdem ich ihm die Situation geschildert hatte, erklärte er sich bereit, dem Gefangenen regelmäßig Essen zu bringen. Mit der Gewissheit, dass mein Landsmann nicht verhungern würde, fuhr ich zur Botschaft nach Dakar zurück. Angesichts der hygienischen Verhältnisse, die ich in dem Gefängnis erlebt hatte, konnte ich selbst nun allerdings drei Tage lang nichts mehr essen.

Die feste Überzeugung, dass es immer eine Lösung gibt, hat mich während meiner diplomatischen Karriere auch stets zu Lösungen geführt. Heute erlebe ich in Unternehmen manchmal eine gewisse Verzagtheit. Viele klagen: Wo soll das noch alles hinführen mit der Globalisierung? Wie sollen wir so viele Flüchtlinge integrieren, wo wir doch schon genug Langzeitarbeitslose haben? Was passiert, wenn unser Währungssystem zusammenbricht? Was machen wir, wenn uns die Chinesen in allem abhängen? Sorgen über Sorgen. Da wünsche ich mir manchmal ein bisschen mehr Optimismus, dass wir immer Lösungen finden werden, egal welche Probleme noch auf uns zukommen. Zum Glück gibt es auch ermutigende Beispiele! So musste ich schmunzeln, als ich im *Tages-Anzeiger* las, wie kreativ Ferienorte und Händler in der Schweiz mit dem Kurssturz des Euro im Januar 2015 umgegangen sind. Nach der überraschenden Aufhebung des Mindestwechselkurses durch die Schweizer Nationalbank war der Euro in der Eidgenossenschaft schlagartig rund 20 Prozent weniger wert. Deshalb drohten Winterurlauber aus dem Euroraum ihre Buchungen zu stornieren. In der Wintersportregion Engadin-Samnaun, die zusammen mit dem österreichischen Paznaun-Ischgl ein einheitliches Skigebiet bildet, führten Geschäftsleute deshalb frech einen eigenen Eurokurs von 1,10 Franken statt der offiziellen rund 1,00 Franken ein. Zusätzlich gewährten fast alle Hotels und Geschäfte zehn Prozent Rabatt auf ihre Leistungen. Das bedeutete zwar Verlust, war aber immer noch besser, als massenweise Gäste zu verlieren. Einen eigenen Eurokurs von stolzen 1,35 Franken hatte der Walliser Ferienort Grächen bereits nach der ersten Euroabwertung im Spätsommer 2011 eingeführt. Die Bilanz der örtlichen Tourismusmanager fiel nach dreieinhalb Jahren durchweg positiv aus. Den ungewöhnlichen Weg eines eigenen Wechselkurses beschritten auch Einzelhändler in Grenznähe, da sie schlicht in ihrer Existenz bedroht waren. Nach der Kursfreigabe kauften die Schweizer nämlich scharenweise im grenznahen Ausland ein und verschmähten die eigenen, im Vergleich wesentlich teureren Geschäfte. Ein Sportgeschäft in der Nähe von Basel zum Beispiel setzte seinen eigenen Eurokurs in Höhe von 1,25 Franken fest. Die skurrile Folge: Es kamen wieder Schweizer Kunden – und zahlten in Euro! Doch für den Ladenbesitzer war es besser, weniger einzunehmen, als in den Konkurs zu rutschen.

Wir erleben gerade einige Erschütterungen unseres Wirtschafts- und Finanzsystems. Die Finanzkrise von 2008 und die Währungskapriolen im Euroraum waren möglicherweise erst der Anfang größerer Umwälzungen. Gleichzeitig gibt es hoffnungsfrohe Visionen und konkrete Konzepte für eine humanere und nachhaltigere Wirtschaft der Zukunft – eine Wirtschaft ohne zerstörerischen Wettbewerb, die mit den Schätzen der Natur schonender umgeht als heute. Ich kann Ihnen nicht sagen, ob es einen fließenden Übergang in eine neue Welt der Wirtschaft geben wird oder ob uns noch schlimme Krisen bevorstehen. Ich weiß nur, dass es sich lohnt, mit Optimismus in die Zukunft zu schauen und daran zu glauben, dass es für jedes Problem eine Lösung gibt. Manchmal muss ich da an meine Vorarlberger Großmutter denken, die viel schwierigere Zeiten durchgemacht hat, als wir sie heute erleben. Mit Optimismus, Hausverstand und einer guten Portion Schlitzohrigkeit haben viele Menschen auch diese Zeiten gemeistert. Ich erinnere mich an eine Anekdote, die meine Mutter mir einmal erzählt hat und über die ich heute noch schmunzeln kann. Es muss um 1944 gewesen sein, also mitten im Krieg, als meine Großmutter mit einer Gruppe anderer Frauen von Bregenz nach Lindau in Deutschland fuhr. Obwohl Österreich damals offiziell zum Deutschen Reich gehörte, gab es sehr strenge Grenzkontrollen. Eine der Frauen aus der Gruppe sah in Lindau einen Brautschleier, den es in Österreich nicht zu kaufen gab. Ihn über die Grenze zu schmuggeln kam für die Frau aber nicht in Frage, denn dafür fehlte ihr die Nervenstärke. Da brachte sich ein Mönch aus einem Kloster bei Bregenz ein und bot der Frau an, den Schleier für sie über die Grenze zu bringen. Gesagt, getan: Kurzerhand versteckte er den Schleier in der Kapuze seiner Kutte. An der Grenze wurde er aufgehalten und gefragt, ob er etwas anzumelden habe. Wahrheitsgemäß antwortete der Gottesmann, der ja nicht lügen durfte: „Ja, ich habe einen Brautschleier dabei." Da schüttelten die Zöllner den Kopf, hielten den armen Mönch wohl für verrückt und ließen ihn ziehen. So haben sich die Menschen damals selbstverständlich geholfen und außer einem „Vergelt's Gott" nichts dafür erwartet.

Die „Generation Smartphone“ empfindet es heute manchmal schon als Weltuntergang, wenn sie nicht mindestens „3G“-Empfang hat und auch kein WLAN in der Nähe ist. Diplomaten, die viel auf der Welt herumgekommen sind, haben dagegen nicht selten schon echte Katastrophen erlebt. Nach dem Tsunami in Asien Ende 2004 zum Beispiel mussten westliche Diplomaten trotz einer komplett zusammengebrochenen Infrastruktur schnell und effektiv Hilfe leisten. Mit ihrer Ortskenntnis waren sie wichtige Ansprechpartner für die aus aller Welt anreisenden Katastrophenhelfer. In jenen Tagen arbeiteten manche Diplomaten tagelang rund um die Uhr, ohne eine Sekunde Schlaf. Flugzeugabstürze, Geiselnahmen oder Erdbeben in fernen Ländern sind ebenfalls Situationen, in denen Mitarbeiter von Botschaften und Konsulaten oft tagelang kaum schlafen. Sie leisten Hilfe weit über das hinaus, wozu sie qua Amtseid verpflichtet sind. Auf Krisen sind Diplomaten grundsätzlich vorbereitet. Jeder weiß, was alles auf ihn zukommen kann. In Rollenspielen wird schon auf der Diplomatenschule geübt, mit dem Zusammenbruch der üblichen Kommunikationswege umzugehen oder den Ansturm der Fragen von Medienvertretern zu kanalisieren. Die Herausforderung besteht darin, dass alles auf einmal zu geschehen hat. Hier gilt es, trotz aller Hektik die Ruhe zu bewahren. In Unternehmen habe ich nicht immer den Eindruck ähnlich guter Vorbereitung auf Krisen. Zwar bereitet sich zum Beispiel ein Luftfahrtunternehmen wie die Lufthansa Group, zu der auch Austrian Airlines und die Swiss zählen, akribisch auf noch so unwahrscheinliche Zwischenfälle vor. Doch anderswo hat vielfach eine gewisse Technikgläubigkeit um sich gegriffen. Man vertraut auf moderne Technologien und seine perfekt eingespielten Prozesse. Wird ein Unternehmen dann in einer Krise komplett durchgeschüttelt, läuft die Krisenkommunikation oft schief. Manche erfolgsverwöhnten Manager reagieren wie gelähmt. Lehrgänge und Seminare helfen hier nur begrenzt.

Die positive innere Haltung, dass es für jedes Problem in jeder Situation eine Lösung gibt, kann kein Seminar ersetzen. In der Krise zeigt sich der Charakter eines Menschen – und auf den Charakter kommt es dann auch an. Neben Optimismus und Hausverstand ist die Bereitschaft, anderen Menschen spontan und unbürokratisch zu helfen, eine Fähigkeit, die in einer globalisierten Welt an keine noch so ausgefeilte Technologie delegiert werden kann. Die Zukunft ist offen, doch in einem Punkt bin ich mir sicher: Wir brauchen in der Wirtschaft von morgen echten zwischenmenschlichen Zusammenhalt und die Bereitschaft zur Suche nach Win-Win-Situationen für alle. Dann werden wir auch auf Lösungen kommen, die wir uns jetzt noch nicht vorstellen können.

Nichts für Anfänger: zähe Verhandlungen und die Tücken des Protokolls

Wenn Diplomaten verhandeln, geht es nicht selten um Menschenleben. Das Paradebeispiel ist der drohende Krieg, der durch eine diplomatische Lösung noch abgewendet werden kann. In der heutigen Zeit geraten jedoch auch immer wieder westliche Staatsbürger als Geiseln in die Hände von paramilitärischen Rebellen, Warlords, Piraten oder gewaltbereiten religiösen Extremisten. Auch in solchen Fällen sind Diplomaten mit ihrem Verhandlungsgeschick gefragt. Und auch hier hilft es übrigens, wenn die Medien nicht sofort alles offenlegen, sondern verdeckte Aktionen ermöglichen. Verhandlungen gelten als Königsdisziplin der Diplomatie. Nach meiner Erfahrung entscheidet neben Fachkenntnis und Erfahrung nicht zuletzt die richtige innere Haltung über den Verhandlungserfolg. Offenheit, Kreativität und der feste Glaube, dass es für jedes Problem eine Lösung gibt, ermöglichen auch in zähen Verhandlungen einen Durchbruch. Natürlich bekommen diplomatische Unterhändler bestimmte Positionen von ihren Regierungen vorgeschrieben. Die Kunst der Verhandlung besteht dann oft darin, diese Vorgaben pragmatisch auszulegen und auf ungewöhnliche Ideen zu kommen. Eine wohlwollende Haltung gegenüber dem Verhandlungspartner und die Bereitschaft, sich überraschen zu lassen, sind hierfür die Voraussetzungen. Wer seine Rolle allein darin sieht, die Position seines Auftraggebers mit allen Mitteln durchzusetzen, wird kaum ein guter Verhandlungsführer sein. So schreibt denn auch der Schweizer Diplomat und Lehrbeauftragte Paul Widmer in seinem 2014 erschienenen Handbuch *Diplomatie* zum Thema Verhandlungen: „Wer nur Beharrlichkeit ohne Kreativität aufweist, kann ein Gromyko werden; wer hingegen in die Fußstapfen von Mazarin und anderen großen Unterhändlern wie Henry Kissinger treten möchte, braucht beides: Beharrlichkeit und Kreativität." Zur Erinnerung: Andrei Gromyko war von 1957 bis 1985 Außenminister der Sowjetunion. Im Westen gab man ihm wegen seines sturen Verhandlungsstils den Spitznamen „Genosse Njet".

Was eine „Njet-Haltung" am Verhandlungstisch bedeutet, wurde mir bereits als Studentin an der Diplomatischen Akademie Wien auf ebenso erschütternde wie unvergessliche Weise deutlich. In der diplomatischen Ausbildung wird gerne mit Rollenspielen gearbeitet, um sich auf Verhandlungssituationen vorzubereiten – eine Technik, die ich auch Führungskräften der Wirtschaft nur empfehlen kann. Einmal wurden wir in zwei Gruppen aufgeteilt, um als „Delegationen" über ein bestimmtes Thema zu verhandeln. Ich kam in eine Gruppe, in der wir zu dem Konsens fanden, dass wir gemeinsam mit der anderen Gruppe eine Lösung finden und dazu konstruktive Vorschläge machen wollten. Die Vorschläge, auf die wir kamen, waren vielleicht noch nicht ideal, aber der gute Wille war vorhanden. Als wir dann in dem Rollenspiel auf die andere Gruppe trafen, die sich unabhängig von uns vorbereitet hatte, war ich erschrocken: Dort hatte ein Anführer das Heft in die Hand genommen und die anderen Mitglieder der Gruppe auf seine Linie eingeschworen. Diese Linie hieß: Njet. Die Gruppe hatte sich vorgenommen, alle unsere Vorschläge grundsätzlich abzuschmettern und stur die eigene Maximalforderung durchzusetzen.

Im Nachhinein bin ich sehr dankbar für diese Erfahrung, denn sie hat mich für meine weitere Laufbahn geprägt. Ich habe gelernt: Wo jemand konsequent Nein sagt und sich weigert, eine Maximalforderung aufzugeben, da kann ich Kopfstände machen und werde doch keine Lösung erzielen. Ich war seitdem nie so naiv zu glauben, man müsse nur lange genug reden, dann würden sich die Dinge schon richten. Wer nicht will, der will nicht! Eine gewisse Beweglichkeit muss auf beiden Seiten vorhanden sein, sonst sind Verhandlungen zum Scheitern verurteilt. Im Jahr 1986 scheiterte zum Beispiel das Gipfeltreffen in Reykjavík zwischen dem sowjetischen Staats- und Parteichef Michail Gorbatschow und US-Präsident Ronald Reagan – obwohl ein historischer Durchbruch bei der Abrüstung zum Greifen nahe war. Reagan erklärte sein damaliges politisches Lieblingskind, das strategische Weltraum-Forschungsprogramm SDI, für nicht verhandelbar. Gorbatschow schlug vor, die SDI-Forschung für einen Zeitraum von zehn Jahren auf Laborforschung zu begrenzen, doch die USA sagten auch dazu „No“. Das Gipfeltreffen endete in allen Punkten ergebnislos. Zwar wurde SDI von den Amerikanern auch nach Ende des Kalten Kriegs nie offiziell aufgegeben, ja unter Präsident George W. Bush Jr. sogar noch einmal forciert, doch ist es eine gewisse Ironie der Geschichte, dass aus der Idee einer Raketenabwehr aus dem Weltraum bis heute nichts geworden ist. Die Verteidigung gegen eine ganze Flotte von Interkontinentalraketen mittels eines „Schutzschilds“ aus dem All gilt unter unabhängigen

Wissenschaftlern weiterhin als technisch nicht realisierbar. Die Maximalforderung von 1986 – „keine Abstriche bei SDI" – hat den USA also letztlich nichts gebracht.

Spätestens seit ich an der Diplomatischen Akademie selbst erlebt hatte, wie es sich anfühlt, bei der anderen Seite auf Granit zu beißen – das war übrigens ungefähr zur selben Zeit wie das gescheiterte Gipfeltreffen in Reykjavik –, habe ich mir vorgenommen, niemals Verhandlungspartner mit Maximalforderungen in die Ecke zu drängen. Damit bin ich in meiner gesamten diplomatischen Karriere gut gefahren. Meinen festen Glauben, dass es für jedes Problem eine Lösung gibt, mag früher der eine oder andere belächelt haben. Längst ermöglicht die Psychologie jedoch auch einen wissenschaftlichen Blick auf das, was viele immer schon intuitiv wussten: Positives Denken wirkt nachweislich. Selbst sogenannte Affirmationen – lange als Esoterik belächelt – sind heute anerkannte Werkzeuge des Coachings. Eine positive Grundhaltung trägt in den allermeisten Fällen zur Lösungsfindung bei. Einzige Ausnahme: Die andere Seite sagt Nein – und bleibt dabei.

Nicht immer geht es in der Diplomatie um Krieg und Frieden, Abrüstung, Terrorbekämpfung, Geiselbefreiung oder Hilfe bei Naturkatastrophen. Manchmal sind es auch schlicht die Tücken des Protokolls, die kreative Problemlösungen verlangen. Als stellvertretende Protokollchefin in Wien hatte ich des Öfteren mit Menschen zu tun, die sich selbst sehr wichtig finden und entsprechend gesehen werden wollen. Nun richtet sich das Protokoll allerdings nicht nach der subjektiven Einschätzung von Bedeutung. Das diplomatische Protokoll ist ein Regelwerk für den Ablauf von Staatsbesuchen, die korrekten Anreden, die Reihenfolge der Begrüßung bei offiziellen Ansprachen, den Dresscode, die Sitzordnung bei Tisch und vieles mehr. Es soll verhindern, dass politische Begegnungen durch Streit über Hierarchien und gekränkten Stolz belastet werden. Die protokollarische Rangordnung ist nicht überall auf der Welt exakt gleich, doch gibt es bestimmte anerkannte Regeln, beispielsweise dass ein Staatsoberhaupt stets vor einem Regierungschef rangiert und dieser seinerseits vor einem Minister. In der Schweiz macht selbst das schon Probleme, denn die Verfassung der Eidgenossenschaft kennt weder ein Staatsoberhaupt noch einen Regierungschef. Beide Funktionen werden vom gesamten Bundesrat als Kollegium wahrgenommen, während der Bundespräsident als *primus inter pares* die Sitzungen zu leiten hat.

Zu meiner Zeit in der Protokollabteilung in Wien mussten wir oft kreative Lösungen finden. Zunächst einmal war da Menschenkenntnis sehr wichtig: Ist jemand unempfindlich, was das Protokoll angeht? Oder sehr penibel? Oder sogar extrem eitel? Dem entsprechend suchten wir nach Lösungen. Wenn jemand bei einem Essen nach der offiziellen Sitzordnung relativ schlecht platziert gewesen wäre, wir aber fürchten mussten, dass diese Platzierung zu Missstimmung führen wird, dann fragten wir uns, ob diese Person vielleicht noch irgendeinen Posten hat oder einen Orden, der eine bessere Platzierung rechtfertigen könnte. Manchmal wird auch die schlichte Tatsache, dass eine Person nicht an zwei Orten gleichzeitig sein kann, zu einem ausgewachsenen protokollarischen Problem. So brachte der Tod des saudischen Königs die deutsche Bundesregierung im Januar 2015 in einige Verlegenheit. Zur Trauerfeier hätte protokollarisch gesehen am besten der Bundespräsident als Staatsoberhaupt reisen müssen. Doch Joachim Gauck feierte am selben Tag seinen 75. Geburtstag. Bundeskanzlerin Angela Merkel wiederum war schwer erkältet. Bei einer Teilnahme von Außenminister Frank-Walter Steinmeier an der Zeremonie in Riad fürchtete man in Berlin, dies wäre von den Saudis als protokollarisch nicht angemessen bewertet worden. So schickte die Bundesregierung überraschend Bundespräsident a. D. Christian Wulff nach Saudi Arabien. Eine protokollarisch höchst kreative Lösung, für die zudem sprach, dass Wulff als Freund und Kenner der arabischen Welt galt. Politisch warf der Überraschungscoup allerdings eine Reihe von Fragen auf, die in Deutschland kontrovers diskutiert wurden: War der wegen Korruptionsvorwürfen vorzeitig zurückgetretene und später vor Gericht freigesprochene Wulff mit diesem Auftritt offiziell rehabilitiert? Zog Bundespräsident Gauck auch wegen der Menschenrechtssituation in Saudi Arabien seine Geburtstagsfeier einem Besuch in Riad vor? Oder war es gar umgekehrt und wollte die Bundesregierung einen so profilierten Anwalt der Menschenrechte wie Gauck, der in diesen Fragen selten ein Blatt vor den Mund nimmt, den Saudis nicht zumuten? Beim Protokoll geht es eben oft um mehr als darum, wer als Erster etwas zu essen auf den Teller bekommt.

KAPITEL 5

Feindversteher: Konfliktlösung durch Verständnis und Empathie

„Der schlimmste Fehler der Menschen ist ihr Mangel an Einfühlungsvermögen. Darum vermag sich auch so selten einer den richtigen Begriff von seines Nächsten Leiden zu machen", meinte der englische Schriftsteller, Politiker und Diplomat Joseph Addison (1672–1719). Empathie ist einer der wichtigsten Schlüssel zur Konfliktlösung. Die Indianer nennen es „einen Tag in den Mokassins des Feindes gehen". Die Wirtschaft kann von der Diplomatie lernen, dass maximale Konfrontation und ein Spiel auf Sieg oder Niederlage wenig einbringen.

Im Umgang mit Konflikten besteht ein deutlicher Unterschied zwischen der Diplomatie und weiten Teilen der Wirtschaft, wie wir sie heute kennen. Während Diplomaten nach der bestmöglichen Konfliktlösung für alle Betroffenen suchen –

ohne dabei die eigenen Interessen aus dem Blick zu verlieren –, geht es im Business oft einseitig ums Siegen. Das Ziel ist ausschließlich die eigenen Interessen durchzusetzen und im Konkurrenzkampf die Oberhand zu behalten. Die Verlierer eines zerstörerischen Wettbewerbs geraten dabei schnell in Vergessenheit. Menschen zum Beispiel, die keinen Job mehr finden oder trotz Vollzeitbeschäftigung von ihrem Einkommen nicht leben können. Härte verhilft im Management oft zu mehr Ansehen als Verständnis, selbst wenn die Härte verbrannte Erde hinterlässt. Ein Bulldozer wie Jack Welch, ehemaliger CEO von General Electric und einst von der *Financial Times* als „der härteste Manager der Welt" bezeichnet, hat bis heute seine treuen Fans. Trainer für Verhandlungstaktik bringen Führungskräften in Seminaren bei, es könne nur *einen* Sieger geben. Und wenn Sie sich in einer Buchhandlung umsehen oder online bei Amazon stöbern, dann finden Sie etliche Karriereratgeber zum Thema „Sich durchsetzen" – einschließlich diverser Spezialgebiete, etwa „Wie Frauen sich durchsetzen" oder „Wie Sie sich in Preisverhandlungen durchsetzen". Der neueste Trend bei diesen Ratgebern sind offenbar Anleitungen, sich auf die nette Art durchzusetzen. Doch das freundliche Lächeln, mit dem Sie dem Gegner die Pistole auf die Brust setzen, ändert ja nichts am Prinzip: Scheinbar müssen wir im Business aus jedem Konflikt als alleiniger Sieger hervorgehen, damit wir nicht unter die Räder kommen. Doch das geht auch anders.

Nicht nur Diplomaten wissen, dass maximale Konfrontation und ein Spiel auf Sieg oder Niederlage oft wenig einbringen, sondern auch Kriminalpsychologen. Diese Experten verhandeln beispielsweise mit Geiselnehmern, um ein unblutiges Ende der Tat zu erreichen. Kriminelle, die sich auf eine Geiselnahme einlassen, sind meistens verzweifelt und stehen unter extremem Stress. Würde die Polizei gewaltsam ihre Übermacht ausspielen, wäre das Risiko von Kurzschlusshandlungen des Geiselnehmers viel zu groß.

Der bekannte deutsche Kriminologe Professor Christian Pfeiffer erklärt dazu: „Der Geiselnehmer muss sich verstanden fühlen, dann ist er erreichbar für die Botschaften des Verhandlungsführers.“ Verständnis und Empathie sind in dieser Extremsituation der Schlüssel für erfolgreiche Verhandlungen. Für den Leiter des Kriminologischen Forschungsinstituts Niedersachsen gibt es nur eine Ausnahme: „Wenn der Geiselnehmer einen Wahnsinnsplan vor Augen hat, der nicht erfüllbar ist.“ Doch das ist selten. In Deutschland habe es, so der Kriminologe, seit dem Gladbecker Geiseldrama von 1988 keine Toten mehr bei Geiselnahmen gegeben. Im Gegensatz etwa zu den USA oder Frankreich, wo die Polizei gern martialisch auftritt, gilt für die Polizeikräfte im deutschsprachigen Raum seit langem das Leitbild der Deeskalation. Durch behutsames und psychologisch geschicktes Vorgehen der Polizei konnte schon viel Leid verhindert werden.

Auch wenn es nicht um Leben und Tod geht, liegt der Schlüssel zur Lösung eines Konflikts im Verständnis. Zunächst gilt es, den Kontrahenten zu verstehen. Das bedeutet vor allem, seine Motive, seine Ziele und seine Gefühle zu erkennen. Im zweiten Schritt geht es dann darum, ihm auch das Gefühl zu geben, verstanden worden zu sein. Bei alledem ist ein Gedanke wichtig: Verstehen bedeutet nicht, einverstanden zu sein. Empathie heißt keinesfalls, seine Position aufzugeben oder gar die eigenen Interessen „um des lieben Friedens willen“ zu leugnen. In der Diplomatie, genau wie im Business, hat jede Seite ihre eigenen Ziele. Es geht lediglich darum, dem jeweiligen Kontrahenten seine andere Sicht zuzugestehen und sich dieser neugierig und ohne vorschnelles Bewerten zu nähern. Die Bewusstheit, dass nicht nur die eigene Perspektive möglich ist, sondern auch der andere gute Gründe für seine Sichtweise hat, ist die wahrscheinlich wichtigste Grundlage für jede konstruktive Konfliktlösung. Bei den nordamerikanischen Indianern habe ich den Spruch gelernt: „Gehe einen Tag lang in den Mokassins deines Feindes, und du weißt, wie du ihn besiegen kannst.“ Ich mache daraus gerne: Gehe einen Tag lang in den Schuhen des anderen, und du weißt, wie du mit ihm umgehen musst. Erst recht dann, wenn es Streit gibt.

Herr Iida und die ganz andere Art des Umgangs mit Konflikten

Während meiner Zeit in Japan Anfang der Achtzigerjahre, also noch vor dem Besuch der Diplomatenschule, habe ich eine vollkommen andere Streitkultur kennengelernt, als wir sie im Westen gewohnt sind. Diese Erfahrung hat mich für mein späteres Berufsleben zutiefst geprägt. Es liegt mir fern, östliche Weisheit gegen westliche Logik auszuspielen, und schon gar nicht will ich behaupten, die japanische Art des Umgangs mit Konflikten sei per se besser als das, was uns in westlichen Ländern tagtäglich begegnet. Zunächst einmal ist es einfach eine andere, uns fremde Art des Verhaltens. Die Beschäftigung mit dem Fremden schärft im Mindesten die Bewusstheit für das Eigene, selbst wenn das Fremde fremd bleibt. Nach meiner Erfahrung kann es zudem eine große Bereicherung sein, aus anderen Kulturen zu übernehmen, was diese tiefer verstanden haben und deshalb auch überzeugender umsetzen. In Japan geht es bei Konflikten immer darum, Lösungen zu finden, mit denen alle leben können. Dieses Prinzip lässt sich sicherlich aus der philosophischen Tradition herleiten, hat aber auch ganz praktisch mit dem Zusammenleben auf engem Raum zu tun. Die meisten Japaner leben in Großstädten, die auf uns Europäer eng und überfüllt wirken. Sie arbeiten oft in Großraumbüros, in denen es kaum Privatsphäre gibt. Die Einigkeit in den Betrieben und die einvernehmliche Konfliktlösung haben schon deshalb große gesellschaftliche Bedeutung. In Japan darf es nicht passieren, dass nur einer als Sieger dasteht und alle anderen ihr Gesicht verlieren. Dabei spielt eine gewisse Rolle, dass Japaner langfristig denken. Kurzfristigen Erfolgen messen sie keine so große Bedeutung bei, geschweige denn, dass sie diese enthusiastisch feiern würden.

Bei dem Stahl- und Baukonzern Itogumi Construction Co., Ltd. in Sapporo auf Hokkaido, der nördlichsten japanischen Insel, war ich als junge Frau und ausgebildete Dolmetscherin verantwortlich für einen Teil der internationalen Korrespondenz. Dass ich überhaupt an diesen Job gekommen war, hatte nichts mit Stahl und Beton, dafür umso mehr mit Wintersport und einiges mit meiner Herkunft aus Österreich zu tun. Die in der kalten Jahreszeit schneereiche Millionenstadt Sapporo gilt als Zentrum des Wintersports, trug 1972 die Olympischen Winterspiele aus und ist mit ihrer Skisprungschanze bis heute eine feste Station im Skisprung-Weltcup. Eine Reihe erfolgreicher Skispringer und Skirennläufer stammt von hier. Das Skifahren lernen die Kinder bereits in der Schule; die gesamte Stadt gilt als wintersportbegeistert. Zu den Begeisterten zählte um 1980 auch Yoshiro Ito, Chef von Itogumi Construction. Er war ein Respekt einflößender japanischer Tycoon, der großen Wert auf Traditionen legte. Herr Ito engagierte sich vielfach politisch, zum Beispiel für die *International Labour Organization* oder die japanisch-amerikanischen Beziehungen. Er bewunderte die US-Navy und kannte sogar einige Admiräle persönlich. Seine größte Leidenschaft waren jedoch die nordischen Wintersportarten, also das Skispringen und der Skilanglauf. Vor Kurzem erst war er zum Vizepräsidenten des internationalen Ski-Verbands gewählt worden, der *Fédération Internationale de Ski*, kurz: FIS, mit Sitz in der Schweiz. Für seine Korrespondenz in dieser Funktion hatte er eine Mitarbeiterin gesucht. Da Österreich in Japan als die Ski-Nation schlechthin galt, kam für ihn eigentlich nur eine Österreicherin in Frage. Ganz so, wie ein solcher Tycoon vielleicht auch unbedingt einen französischen Sommelier und einen englischen Butler haben will. So bezog ich denn an einem Tag im Jahr 1981 meinen Schreibtisch im Vorzimmer von Herrn Ito. Bei den Räumlichkeiten fingen die Unterschiede zum Westen bereits an, denn in der Konzernzentrale sah es anders aus, als es ein Europäer erwarten würde. Es war alles sehr eng, bis auf das Chefbüro, wo immerhin zwischen Tür und Schreibtisch einige Meter lagen, die meine Kolleginnen beim Hinausgehen der Tradition gemäß rückwärts zurücklegten. Mein Schreibtisch im Chefsekretariat befand sich in einer kleinen Ausbuchtung des Ganges zwischen dem Lift und dem Eingang zum Büro von Herrn Ito. Vor mir und unmittelbar hinter mir war noch jeweils ein weiterer Schreibtisch in die Nische gestellt worden – eine Enge, die vor keiner europäischen Arbeitsplatzrichtlinie Bestand gehabt hätte. An den zwei weiteren Tischen saßen eine ebenfalls junge Kollegin sowie ein älterer Kollege, Herr Iida. Alle weiblichen Angestellten trugen Uniform, so auch ich als die einzige Nicht-Japanerin, die jemals in der obersten Etage von Itogumi Construction gearbeitet hat. Die Herren mit ihren grundsätzlich weißen Hemden und dunklen Krawatten sahen allerdings beinahe ebenso uniformiert aus wie wir Damen.

Als ich die Kultur schon recht gut kannte, das heißt, nicht nur die japanische Sprache beherrschte, sondern mich auch in den anderen Habitus, die andere Art zu sprechen und die ganz eigene Gestik eingelebt hatte, kam es eines Tages zu einer Situation, in der ich mich ungerecht behandelt fühlte. Im Rückblick erscheinen solche Situationen ja meistens banal und kaum der Rede wert, doch damals war ich so richtig sauer. Und das zeigte ich meinen Kollegen auch! Ich zog eine beleidigte Miene und würdigte die anderen für den Rest des Tages keines Blickes mehr. Zunächst schien niemand auf mein Schmollen einzugehen. Alle verhielten sich wie immer.

Erst am Abend, nach Büroschluss, wünschte Herr Iida, der Kollege an dem Schreibtisch hinter mir, mich unter vier Augen zu sprechen. Er hielt mir dann einen kleinen Vortrag, wie wichtig es in Japan sei, dass alle Kollegen gut miteinander auskämen und im Büro ein gutes Klima herrsche. Auf mein Verhalten während des Tages ging er dabei mit keiner Silbe ein, geschweige denn, dass er mich ausdrücklich gebeten hätte, meinen Unmut nicht zu zeigen. Herr Iida beschrieb mir lediglich in sehr höflichen Worten, was in Japan am Arbeitsplatz von den Mitarbeitern erwartet wurde. Selbst das hätte er niemals vor anderen Kollegen getan, sondern ausschließlich unter vier Augen. Den Zusammenhang zu meinem Verhalten musste ich selbst herstellen. Das tat ich dann auch und zog meine Schlüsse aus dem Gespräch.

Manche Europäer und erst recht Amerikaner können sich sicherlich ein Schmunzeln über ein Verhalten wie das von Herrn Iida kaum verkneifen. Und es stimmt ja: Diese japanische Art des Umgangs mit Konflikten ist schon sehr, sehr indirekt. Die Contenance scheint über alles zu gehen; die Japaner agieren für den westlichen Geschmack schon übervorsichtig. Allerdings habe ich mich mit einer gewissen Wehmut an Japan erinnert, als mir und meinen liechtensteinischen Kollegen während der Steueraffäre der deutsche Minister Peer Steinbrück am Verhandlungstisch gegenübersaß. Seine Augen funkelten vor Zorn, seine Stimme dröhnte und mit Sätzen wie „So ein Blödsinn!“ fiel er unserer Delegation ständig ins Wort. Das ist das andere Extrem. Und dieses Extrem ist in der westlichen Welt gar nicht so selten. Von den Japanern lässt sich lernen: Der Ton macht die Musik. Sicher, Konflikte gehören in unseren westlichen Unternehmen offen angesprochen, das ist Teil einer Feedbackkultur, wie sie zu recht gefordert wird. Doch in Japan habe ich erlebt, dass es auch anders geht. Und seit dieser Erfahrung sehe ich die aufbrausende, gekränkte, rechthaberische Art, die viele im Westen an den Tag legen, wenn ihnen etwas nicht passt, mit anderen Augen. In Japan konnte ich lernen, dass wir uns nicht immer so wichtig nehmen und nicht gleich ein Drama daraus machen müssen, wenn wir uns einmal ungerecht behandelt fühlen. Als Diplomatin ist mir zudem nur allzu bewusst, dass persönliche Kränkungen unter den Mächtigen in früheren Jahrhunderten regelmäßig zu Kriegen geführt haben. Das Thema ist also durchaus nicht trivial. Richtig problematisch wird es, wenn Konflikte über Jahrzehnte oder gar Jahrhunderte zwischen Völkern oder Bevölkerungsgruppen schwelen und sich die Konfliktlinien tief in die Familien eingegraben haben. So etwas habe ich in Israel und Palästina auf ziemlich erschütternde Weise erlebt.

Auch in einem „heiligen" Land hat niemand nur recht oder nur unrecht

Als ich 1989 als stellvertretende österreichische Botschafterin und Kulturattaché nach Israel kam, erlebte ich einen kulturellen Kontrast zu meinen Jahren in Japan, wie er größer kaum sein konnte. In der japanischen Sprache gibt es zum Beispiel zwölf Arten „Nein" zu sagen, eine vorsichtiger und indirekter als die andere. Die hebräische Sprache kam mir dagegen mit ihrer Knappheit und ihren vielen Sätzen ohne Verb so harsch vor, als würden die Menschen die ganze Zeit im Befehlston miteinander reden. Die militärische Assoziation drängte sich noch aus einem anderen Grund auf, befand sich doch Israel seit seiner Gründung im Jahr 1948 de facto ununterbrochen im Kriegszustand. Der Krieg machte längst nicht mehr an den – notorisch umstrittenen – Staatsgrenzen Halt. Im Jahr meines Postenantritts an der Botschaft in Tel Aviv kam es zum blutigsten Terroranschlag auf Zivilisten seit mehr als einem Jahrzehnt: Beim Attentat auf einen Bus zwischen Tel Aviv und Jerusalem wurden 14 Passagiere getötet und 27 verletzt. Doch für die Bevölkerung sollte es in den kommenden zwei Jahrzehnten noch viel schlimmer werden. Zu wiederholten Anschlägen auf Linienbusse und Cafés kam ab dem ersten Golfkrieg der Raketenbeschuss von Wohngebieten. Natürlich hatte ich mich, bevor ich nach Israel entsandt wurde, mit der speziellen Geschichte Israels und den geopolitischen Besonderheiten des Nahen Ostens intensiv auseinandergesetzt. Ich hatte dicke Bücher gelesen, mich mit politischen Journalisten unterhalten und anerkannte Nahostexperten mit Fragen gelöchert. Doch trotz all dieses theoretischen Wissens hatte ich nie verstanden, warum zwischen den Israelis und ihren arabischen Nachbarn nicht endlich Frieden herrschen konnte.

Das änderte sich an einem sonnigen Montag im September durch die Begegnung mit zwei ganz unterschiedlichen Menschen, die mir überraschenderweise von sehr ähnlichen Schicksalen berichteten. Von der Botschaft in Tel Aviv fuhr ich zunächst mit dem Auto nach Jerusalem zu einer kurzen Besprechung mit der Programmdirektorin des *Jerusalem Theatre*. Dieses größte Kulturzentrum Israels wurde 1971 eröffnet und lockt jährlich über 600.000 Besucher in seine insgesamt sechs Theater- und Konzertsäle. Die Programmdirektorin hieß Shlomit und war noch relativ jung, ungefähr Mitte 30. Da wir unsere Gesprächsthemen zügig abgearbeitet hatten, blieb noch etwas Zeit, sich über Persönliches zu unterhalten. Ich fragte sie, woher ihre Familie stammte. Sie erzählte, wie ihre Großeltern 1938 im letzten Moment aus Wien flüchten konnten, kurz bevor die Nationalsozialisten der jüdischen Bevölkerung alle Fluchtwege versperrten und begannen, die Deportation in Konzentrationslager vorzubereiten. Vielen ihrer Verwandten war die Flucht jedoch nicht mehr gelungen, und so prägten die traumatischen Erlebnisse des Holocaust die gesamte Familiengeschichte. Shlomits Großeltern waren mit kaum mehr als ihrer Kleidung und ein paar Koffern in Israel angekommen und bauten sich dann in Jerusalem unter den für sie schwierigen klimatischen Bedingungen eine neue Existenz auf. Viel schlimmer als die Hitze war jedoch, dass sie, kaum in Sicherheit vor den Nazis, schon wieder angefeindet wurden. Seit Generationen in Jerusalem lebende Araber sahen die jüdischen Flüchtlinge aus Europa als unwillkommene Eindringlinge und machten ihnen das Leben schwer. Die Geschichte von Shlomits Familie berührte mich sehr. Nachdenklich stieg ich nach dem Mittagessen ins Auto und machte mich auf den Weg zu einem weiteren Termin, den ich für diesen Tag vereinbart hatte.

Ich kam nach Ramallah im palästinensischen Westjordanland, etwa eine halbe Autostunde nördlich von Jerusalem. Während des Sechstagekrieges von 1967 war die Stadt von der israelischen Armee besetzt worden und stand nun unter israelischer Verwaltung. Erst Mitte der Neunzigerjahre sollte Ramallah im Rahmen des Oslo-Friedensprozesses an die palästinensische Selbstverwaltung übergeben werden. In der auf sanften Hügeln erbauten Stadt traf ich eine Österreicherin und ihre Familie. Die Frau war mit einem Palästinenser verheiratet und hatte sich in die arabische Kultur integriert. Noch unter dem Eindruck meines Gesprächs vom Vormittag sprach ich auch sie auf ihre Familiengeschichte an. Ich erhoffte mir von solchen Gesprächen, die schwierige Situation in diesem Land besser zu verstehen. Was ich dann über diese arabische Familie hörte, war eine ganz ähnliche Geschichte von Vertreibung, persönlichen Anfeindungen und Streitigkeiten, wie ich sie am selben Tag über eine jüdische Familie gehört hatte – nur mit umgekehrten Vorzeichen. Hier hatten die Großeltern durch die Israelis ein Trauma erlebt: Sie hatten in einem Land gelebt, das für sie ihre Heimat war, und plötzlich kamen Fremde, die sich wie die neuen Herren aufführten, Land wegnahmen, Zäune zogen und Mädchen bedrängten. So zumindest erzählten es die Geschichten, die in dieser

Familie kursierten. Die Schicksale klangen nicht weniger erschütternd als das, was ich zuvor in Jerusalem gehört hatte.

Als ich wieder in Tel Aviv war, begriff ich, warum es hier so schnell keinen Frieden geben würde. Ich war ebenso aufgewühlt wie desillusioniert. Mit dem kühlen, analytischen Blick einer jungen Diplomatin hatte ich die Botschaft am Morgen verlassen. Zurückgekommen war ich als Mensch, den das Schicksal zweier Familien zutiefst berührt hatte. Die Gespräche hatten mir die Augen geöffnet und mich gleichzeitig ratlos gemacht. Hegten alle Familien hier einen solchen Groll? Trug jeder eine ähnliche Last auf seinem Rücken? Wie viele Israelis und Palästinenser mochten wohl mit Horrorgeschichten groß geworden sein, was die jeweils andere Seite ihrer Familie angetan hatte? Plötzlich sah ich schwarz für den Friedensprozess, und das bedrückte mich. Ich kannte das ja auch aus meiner Heimat in Vorarlberg, dass Familien wegen irgendwelcher Streitigkeiten über Generationen nicht miteinander sprechen und sich der Groll immer weiter vererbt. Doch wurden diese Konflikte bei uns nie mit Gewalt ausgetragen und schienen deshalb erträglich. Wie sollte es im Nahen Osten, wo der Krieg vielen längst wie der Normalzustand vorkam, je zu einer Lösung kommen?

Erst nach einiger Zeit verarbeitete ich meine Erlebnisse vollständig und zog meine Schlüsse daraus. Ein Patentrezept für den Frieden im Nahen Osten habe ich bis heute nicht. Aber eines weiß ich sicher: Es gibt keine Sache, die nur gut ist, und es gibt keine Sache, die nur schlecht ist. Auch gibt es niemanden, der nur recht hat, und niemanden, der nur unrecht hat. Deshalb liegt der erste Schritt zur Konfliktlösung immer im Verständnis der anderen Seite. Bevor ich eine Lösung finden kann, muss ich einen Konflikt überhaupt erst in der Tiefe begreifen. Verständnis für einen Konflikt bedeutet immer Verständnis für *beide* Seiten. Klingt das für Sie vielleicht banal? Dann frage ich Sie: Warum sind Menschen, die sich während des Ukrainekonflikts um ein

Verständnis der Position Russlands bemüht haben, in unseren westlichen Medien mit dem Ausdruck „Putinversteher“ diffamiert worden? Noch einmal: Verstehen heißt nicht, einverstanden zu sein. Empathie und Verständnis sind jedoch die Voraussetzungen für eine Konfliktlösung. Dabei ist wichtig zu erkennen: Empathie ist niemals etwas rein Intellektuelles. Als ich nach Israel kam, war mein Kopf vollgestopft mit Wissen – und doch begriff ich zunächst nichts. Empathie entsteht erst, wenn Sie sich mit Menschen und ihren Gefühlen näher beschäftigen. Hören Sie zu. Lassen Sie sich Geschichten erzählen. Dann werden Sie empathisch.

Im Nahostkonflikt kam während der vergangenen 25 Jahre nur einmal Hoffnung auf einen echten und dauerhaften Frieden auf. Die Lösung schien zum Greifen nah. Dieser Durchbruch ist mittlerweile als Oslo-Friedensprozess in die Geschichtsbücher eingegangen. Als ein gewaltsamer Aufstand der Palästinenser, die sogenannte Intifada, bereits vier Jahre andauerte, brachte US-Präsident George H. W. Bush Senior im Oktober 1991 erstmals Israelis, Palästinenser und Jordanier an den Verhandlungstisch. Im darauffolgenden Jahr wählten die Israelis eine neue Regierung mit Jitzchak Rabin als Ministerpräsident und Schimon Peres als Außenminister. Rabin, ein ehemaliger Offizier und Ex-Generalstabschef der israelischen Streitkräfte, hatte sich innerhalb weniger Jahre vom militärischen Hardliner zu einem der größten Befürworter einer friedlichen Lösung des Konflikts mit den Palästinensern gewandelt. Seine neue Regierung stoppte sofort den Ausbau jüdischer Siedlungen in den Palästinensergebieten und suchte den Dialog mit den Repräsentanten der Palästinenser. In Oslo fanden unter Vermittlung der Norweger – zunächst streng geheime – Verhandlungen der Israelis mit der palästinensischen Befreiungsorganisation PLO statt. Im Jahr 1993 trat dann in den USA die neue Regierung unter Präsident Bill Clinton ihr Amt an. Die Amerikaner sorgten dafür, dass aus den informellen Gesprächen von Oslo verbindliche Abkommen zu einer möglichen Lösung des Nahostkonflikts wurden. Bill Clinton war ein Staatsmann, der wusste, wie wichtig die zwischenmenschliche Ebene bei der Lösung von politischen Konflikten ist. Und Bill Clinton wusste noch etwas: dass der Friedensprozess im Nahen Osten nicht nur einen Stapel Papier mit Paragraphen und Unterschriften brauchen würde, sondern auch starke Symbole und Bilder, um die Herzen der Menschen zu berühren. So schaffte Clinton etwas, was bis dahin als undenkbar gegolten hatte: Der israelische Ministerpräsident Jitzchak Rabin und PLO-Chef Jassir Arafat reichten einander auf dem Rasen des Weißen Hauses die Hand. Sie kennen vielleicht das berühmte Foto, auf dem Bill Clinton mit ausgebreiteten Armen hinter den beiden ehemaligen Erzfeinden steht und sie wie ein Schutzgeist umfasst. Das Bild wurde zum Symbol der Hoffnung auf einen dauerhaften Frieden im Nahen Osten. Erst die Ermordung von Jitzchak Rabin durch einen radikalen Israeli, der politische Rechtsruck in Israel und der Beginn der zweiten Intifada der Palästinenser machten diese Hoffnungen vorerst zunichte. Doch immerhin waren große Fortschritte erzielt worden.

Warum gelingt es gerade den Amerikanern immer wieder, selbst in vollkommen verfahrenen Konfliktsituationen erfolgreich zu vermitteln? Am militärischen Drohpotenzial und der wirtschaftlichen Stärke liegt das allenfalls zu einem Teil. Viel entscheidender ist, dass die USA als eine der ersten modernen Nationen begonnen haben, mit Verständnis und Empathie nach Konfliktlösungen zu suchen. Lösungen, die letztlich in ihrem eigenen Interesse sind, und doch im Idealfall allen Betroffenen nützen. Viele ältere Österreicher und Deutsche erinnern sich zum Beispiel noch an Marshallplan und Care-Pakete. Der Marshallplan, offiziell *European Recovery Program* genannt, war ein milliardenschweres Wiederaufbauprogramm der USA, das nach dem Zweiten Weltkrieg dem an den Folgen des Krieges leidenden

Westeuropa zugutekam. Das Programm bestand aus Krediten sowie der Lieferung von Rohstoffen, Gebrauchsgütern und Lebensmitteln. Innenpolitisch umstritten waren in den USA zunächst die Hilfen für Deutschland. Gehörten die Deutschen für die Barbarei der Nazis nicht bestraft? Wäre es nicht besser, aus Deutschland einen reinen Agrarstaat zu machen, von dem mangels industrieller Waffenschmieden nie wieder Gefahr ausgehen könnte? Die Amerikaner versetzten sich in die Lage der Deutschen: Sie würden sich in diesem Fall gedemütigt fühlen, einen Groll gegen die westlichen Siegermächte hegen und bei der nächsten Gelegenheit wieder extremistische politische Parteien wählen. Würden sie die Deutschen hingegen trotz der Schwere ihrer Verbrechen in den Wiederaufbau Europas einbinden, könnten sie aus ihnen überzeugte Demokraten machen, sie als Freunde und Partner gewinnen, nicht zuletzt auch als Konsumenten amerikanischer Produkte. Und so geschah es dann auch. Die hungernden Deutschen öffneten die Care-Pakete mit Lebensmitteln und sahen in den Amerikanern bald ihre Freunde. Sie wählten gemäßigte Parteien und wurden zu überzeugten Anhängern von Freiheit und Demokratie. Eine Ausnahme blieb freilich die sowjetisch besetzte Zone im Osten.

Wenn amerikanische Verhandler oder andere Verhandlungsprofis in schwierige Verhandlungen gehen, dann sind sie absolute Profis darin, die andere Seite vorher so genau kennenzulernen, dass sie sich in deren Gedanken und Gefühle hineinversetzen können. Dabei haben sie ein eisernes Übungsprogramm und setzen oft auf stundenlange Rollenspiele. Ich habe die Technik des Rollenspiels bereits erwähnt und kann sie nur immer wieder empfehlen. Wer in die Rolle der gegnerischen Seite schlüpft, der geht wirklich – dem indianischen Sprichwort gemäß – einen Tag lang in den Schuhen des anderen. In der Politik gehen die meisten immer noch in Verhandlungen, um der anderen Seite zu beweisen, dass sie recht haben. Unabhängig von der politischen

Couleur herrscht die Überzeugung: Wir sind die Guten – die anderen sind die Bösen. Diese Grundhaltung macht eine Einigung immer schwierig. Die erfolgreichsten Verhandler der Welt fragen sich dagegen als Erstes: Wie tickt die andere Seite? Was haben die überhaupt gegen uns? Woher kommen negative Gefühle ins Spiel? Im Rollenspiel tun amerikanische Diplomaten so, als seien sie selbst Russen, Chinesen, Iraner oder wer auch immer der Verhandlungsgegner ist. Sie spielen das so lange durch, bis sie nicht nur jede kleinste Argumentationslinie der anderen Seite aus dem Effeff beherrschen, sondern auch verstehen, wie die anderen sich fühlen. Wer sich so auf Verhandlungen vorbereitet, der bekommt ein tiefes Verständnis für den anderen. Dinge werden plötzlich klar und verständlich, die man mit einer Bunkermentalität nicht einmal wahrnehmen würde. Außerdem können einen keine Argumente der anderen Seite mehr überraschen. So erreicht man eine Einigung, auch wenn die Situation scheinbar aussichtslos ist. Und das ist letztlich auch das Geheimnis hinter dem berühmten Foto von Bill Clinton mit Jitzchak Rabin und Jassir Arafat im Garten des Weißen Hauses. Bill Clinton kannte die Positionen in- und auswendig und hatte Verständnis und Empathie für beide Seiten. So konnte er hinter dem Händedruck der Kontrahenten seine Arme ausbreiten und die Streitenden symbolisch umschließen.

Wehret den Anfängen: Feindbilder gar nicht erst entstehen lassen

Im Business erlebe ich heute nur selten die Bereitschaft, sich intensiv mit den Gedanken und Gefühlen der anderen Seite auseinanderzusetzen, bevor es in Verhandlungen geht. Viel öfter scheinen die Positionen bereits festgefahren, ehe die Verhandlungspartner überhaupt zu reden beginnen. So werden zum Beispiel Tarifverhandlungen in schöner Regelmäßigkeit schon nach 10, 15 oder 20 Minuten ergebnislos abgebrochen. Nicht selten folgen daraufhin Streiks, die rücksichtslos auf dem Rücken der Kunden ausgetragen werden. Bei mittelständischen Unternehmern sehe ich manchmal, dass sich ihre Sicht auf Behörden und Vertreter des öffentlichen Dienstes zu einem regelrechten Feindbild verhärtet hat. Sie sehen sich in ihrer unternehmerischen Freiheit beschnitten und fühlen sich ausgebremst. „Die" Bürokraten scheinen irgendwann schuld an fast allem zu sein. So ähnlich war es auch bei einem Bauunternehmer aus dem Schweizer Rheintal. Er hatte Schwierigkeiten mit Behörden, die ihm wichtige Genehmigungen verweigerten. Doch die Gründe dafür interessierten den Unternehmer nicht weiter. Er war außer sich vor Zorn und erging sich in Schimpftiraden. Für das anstehende Gespräch mit den Vertretern der Behörden nahm er sich vor, denen „mal so richtig die Meinung zu sagen". Im Coaching ließ er sich glücklicherweise davon abbringen. Ich gewann den Unternehmer dafür, erst einmal ein wenig in den Schuhen der anderen zu gehen: Aus welchen Gründen zögerten die Vertreter der Gemeinde mit den Genehmigungen? Was befürchteten sie? Welche Vorschriften mussten sie unbedingt beachten? Was für politische Konsequenzen drohten ihnen, wenn sie bei der Genehmigung Fehler machten? Wessen Interessen hatten sie zu schützen? Schon nach kurzer Zeit änderte der Bauunternehmer seine Perspektive. Aus ignoranten Bürokraten waren für ihn Menschen geworden, die ihren Auftrag ernst nahmen und ihre Aufgaben gewissenhaft erledigen wollten. Im nächsten Schritt überlegten wir gemeinsam, wie er mit den Vertretern der Gemeinde umgehen und was er ihnen eventuell anbieten musste, um doch noch an die notwendigen Genehmigungen gelangen zu können. Statt seinem Zorn freien Lauf zu lassen, ging der Unternehmer mit einem Notizzettel in die Verhandlungen, der besonders geschickte Formulierungen für sein Anliegen enthielt. Als die Vertreter der Behörden merkten, dass der Bauunternehmer sich von ihnen nicht mehr persönlich angegriffen fühlte und ihnen nicht länger böse Absichten unterstellte, reagierten auch sie anders als bisher. Sie kamen dem Unternehmer weit entgegen, sodass eine gute Lösung für beide Seiten gefunden werden konnte.

Feindbilder entstehen nicht von heute auf morgen. Vielmehr hat die Konfliktforschung bestimmte Muster erkannt, nach denen Konflikte typischerweise eskalieren. Recht bekannt geworden ist beispielsweise das Ebenenmodell der Konflikteskalation des österreichischen Ökonomen und Konfliktforschers Friedrich Glasl. Das Modell kennt neun Stufen der Verschärfung eines Konflikts, wobei jeweils nach drei Stufen die Ebene wechselt: Auf der ersten Ebene (Konfliktstufen 1–3) können beide Konfliktparteien noch einlenken und gewinnen. Es entsteht dann eine Win-Win-Situation. Nur *eine* Partei kann auf der zweiten Ebene (Stufen 4–6) noch gewinnen, während die andere verliert (Win-Lose-Situation). Schließlich verlieren auf der dritten Ebene (Stufen 7–9 der Eskalation) zwingend beide Konfliktparteien. Es kommt zu einer fatalen Lose-Lose-Situation. Alltägliche Spannungen, das Aufeinanderprallen unterschiedlicher Meinungen, hin und wieder ein deutliches Wort – das gehört zum Leben dazu und ist in der Definition von Friedrich Glasl noch kein Konflikt. Dem Konfliktforscher zufolge beginnt ein echter Konflikt immer mit der Verhärtung der Fronten als erstem Schritt. Die Arbeitnehmerseite sagt dann zum Beispiel: „Lohnverzicht oder längere Arbeitszeiten kommen für uns definitiv nicht in Frage.“ Darauf kontern die Vertreter des Arbeitgebers: „Ohne Lohnverzicht und längere Arbeitszeiten wird es nicht gehen. Dann müssen wir massenhaft entlassen. Anders kommt das Unternehmen aus den roten Zahlen nicht heraus.“ Die nächste Stufe nach der Verhärtung ist der Streit. Jede Seite will jetzt recht haben und die jeweils andere Seite mit ihren Argumenten überzeugen. Man setzt die anderen unter Druck. Möglichkeiten einer kreativen Lösung geraten aus dem Blick. Stattdessen entsteht Schwarz-Weiß-Denken. Die dritte Konfliktstufe nach Glasl heißt „Taten statt Worte“: Gespräche werden abgebrochen und es kommt zu Protestaktionen. Die Kreativität fließt nicht mehr in mögliche Lösungen, sondern es werden Pläne ausgeheckt, die andere Seite gnadenlos zu besiegen. Bis hierhin ist jedoch immer noch eine Umkehr möglich. Noch kann das Kriegsbeil begraben werden und eine Win-Win-Situation entstehen. Erst ab der vierten Konfliktstufe geht es steil bergab. Nun muss es mindestens einen Verlierer geben. Jegliche Empathie für die andere Seite geht verloren. Es werden Verbündete gesucht, der Gegner wird gezielt denunziert und bloßgestellt, ihm wird zunächst gedroht, danach wird er offen bekämpft. Die letzte Stufe heißt: „Gemeinsam in den Abgrund“ – um den Gegner zu besiegen, nimmt man die eigene Vernichtung in Kauf. Auf dieser neunten und letzten Stufe sind möglicherweise die Selbstmordattentäter von Al-Qaida angelangt.

Wenn Sie sich das Muster der Eskalation eines Konflikts ansehen, dann kann die Konsequenz nur heißen: Wehret den Anfängen! Egal, worum es geht und wer der Gegner ist: Lassen Sie es gar nicht erst zu einer Verhärtung der Fronten kommen. Verhindern Sie, dass Feindbilder überhaupt entstehen. Am gefährlichsten ist es, wenn Sie glauben, moralisch absolut im Recht zu sein und eindeutig beweisen zu können, dass der Fehler bei der anderen Seite liegt. Gerade dann sind Verständnis und Empathie wichtig! Niemals hat eine Seite nur recht und eine andere nur unrecht. Menschen, die Feindbilder kultivieren, sind überzeugt, die Welt sei blau oder grün, und merken nicht, dass sie selbst es sind, die eine blau beziehungsweise grün getönte Brille aufhaben. Empathie bedeutet, die getönte Brille abzunehmen, die eigenen Filter abzuschrauben und die andere Seite offen und neugierig zu betrachten. Unsere Mediengesellschaft macht uns das leider sehr schwer. Von den Zeitungen über das Fernsehen bis hin zu Facebook und Twitter: Polarisierung schafft Aufmerksamkeit. Sogenannte „Aufregerstorys“ haben im Internet schnell Millionen von Klicks. Das sind Geschichten, bei denen Gut und Böse eindeutig definiert sind und alle Informationen gezielt weggelassen werden, die ein differenzierteres Bild ergeben könnten. Millionen schlagen sich sofort auf die Seite des „Guten“. Dabei könnten alle wissen, dass das Leben selten so eindeutig ist wie in diesen Geschichten. Gute Diplomaten kennen übrigens keine Feinde. Sie haben die Interessen ihres Landes zu vertreten. Sie bekommen Aufträge von ihrer jeweiligen Regierung. Doch sie wissen, dass auf der anderen Seite des Verhandlungstisches Menschen sitzen, denen es ganz genauso geht.

Neben der kulturellen Prägung bestimmt die Weltanschauung in hohem Maße unseren Umgang mit Konflikten. Wir können glauben, der Urzustand der Menschheit sei ein Kampf aller gegen alle, so wie es der englische Philosoph Thomas Hobbes (1588–1679) postulierte. Oder wir können glauben, dass die wahre Menschennatur ein Zustand der Verbundenheit, des Einsseins mit der Natur und allem Sein ist. Für mein Leben habe ich diese Frage inzwischen beantwortet. Ich fand die Antwort bei den nordamerikanischen Indianern, denen ich während meiner Zeit als Diplomatin in New York begegnet bin. Schon seit meiner Jugend hatte ich mich für Philosophie und Sinnfragen interessiert. Doch so spannend die Lektüre der großen Philosophen aus West und Ost auch war, immer fehlte mir etwas. Mir war das alles nicht geerdet genug; es änderte für mich zu wenig im alltäglichen Leben. Eines Tages saß ich mitten in Manhattan und las eine Zeitungsanzeige. Darin offerierte die Schülerin einer Apache-Indianerin, die in einem Haus auf Long Island lebte, ein ganz besonderes „Coaching“, wie man es heute wohl nennen würde. Es basierte auf uraltem indianischem Wissen und von Medizinfrauen praktizierten und mündlich weitergegebenen Zeremonien. Ich war wie elektrisiert und wollte diese Frau unbedingt kennenlernen. Nach kurzer telefonischer Terminabsprache machte ich mich auch schon auf den Weg. So traf ich Deep Arrow Woman, die fünf Jahre lang meine spirituelle Lehrerin werden sollte. Das konnte ich beim ersten Treffen natürlich noch nicht ahnen, zumal man sich, wie ich dann später erfuhr, als Schülerin einer weisen Indianerin nicht etwa bewerben kann wie um ein Stipendium, sondern dazu ausgewählt wird. Bereits die erste Begegnung hatte jedoch einen ganz besonderen Zauber. Wir saßen in ihrem Garten am Feuer, umschlossen vom rituellen Kreis der Indianer. Wenn ich die fernöstliche Philosophie über die Einheit allen Seins gelesen hatte, so war das für mich stets ein interessantes intellektuelles Konzept gewesen, doch der Gedanke hatte nicht wirklich etwas in mir ausgelöst. Erst als Deep Arrow Woman in der Sprache der Indianer sagte „Mitakuye o-yasin", was so viel bedeutet wie „Wir sind alle eins", begriff ich. Deep Arrow Woman, eine westlich ausgebildete Pädagogin, verstand es mit ihrer sanften und zugleich klaren Art wunderbar, mir die großen Zusammenhänge klarzumachen und aufzuzeigen, was dieser Satz, der – wie ich später erfahren durfte – den meisten indianischen Völkern und ihrer Philosophie zugrunde liegt, bedeutet. Unsere eigentliche Natur ist nicht die Gegensätzlichkeit, nicht der Streit, nicht der Kampf, sondern die Verbundenheit untereinander und mit allem.

Sehr bald durfte ich auch Oh Shinnah Fast Wolf, eine weithin bekannte „Warrior Woman" der Apache-Indianer, kennenlernen und bei ihr lernen. Ihre Lehrstunden, die sie hauptsächlich mit Storytelling gestaltete und in denen sie mühelos zwischen den Welten wanderte, als ob es das Selbstverständlichste und Natürlichste wäre, waren für mich immer besonders berührende und tief gehende Erlebnisse. Im Sommer 1996 wählten die Indianer mich dann sogar als eine der ersten Weißen für die Teilnahme an der „Journey of the Waters" aus, einer seit Jahrhunderten durchgeführten Reinigungs- und Heilreise durch New Mexico und Colorado. Oh Shinnah Fast Wolf hatte ihren Ältestenrat nach 15 Jahren Diskussion dazu gebracht, diese Zeremonien der Welt zugänglich zu machen. Die „Journey of the Waters" war ein unvergessliches Erlebnis, das meine Sicht auf die Menschen und die Welt nochmals zutiefst veränderte. Dinge, an die ich immer schon fest geglaubt hatte, beispielsweise dass es für jedes Problem eine Lösung gibt, mit der alle Betroffenen leben können, begriff ich noch einmal in einer viel tieferen Dimension. Nie hätte ich mir damals träumen lassen, dass ich Teile dieses Wissens einmal hier in Europa an Führungskräfte aus Wirtschaft und Politik weitergeben würde. Doch mittlerweile halte ich Vorträge und gebe Seminare dazu, was wir von den nordamerikanischen Indianern für eine erfolgreiche, ganzheitliche Kommunikation lernen können. Selbstreflexion ist dabei der Schlüssel, Bewusstheit ein wesentliches Ziel. Bewusstheit lässt mich mit Konflikten ganz anders umgehen als Unbewusstheit. Wenn ich verstanden habe, dass es nicht darum geht, recht zu haben, sondern gemeinsam mit anderen zu guten Lösungen zu kommen, gehe ich an Konflikte ganz anders heran. Das Wichtigste dabei: Ich lasse erst gar nicht zu, dass Fronten sich verhärten und ein Konflikt eskaliert. Neben Verständnis und Empathie ist dazu ebenso notwendig, dass mein eigener Standpunkt klar ist. Wir müssen unsere Ziele und Bedürfnisse kennen und letztlich auch den Mut haben, anderen gegenüber für diese einzustehen. Die Dinge müssen klar benannt werden, das gilt sowohl bei den Indianern als auch in der Diplomatie. Wie sich daraus neue Möglichkeiten ergeben, ist Thema des nächsten Kapitels.

KAPITEL 6

Tacheles: Sachverhalte klar benennen eröffnet neue Möglichkeiten

Der Schweizer Diplomat Paul Widmer räumt in seinem Handbuch der Diplomatie mit einem verbreiteten Fehlurteil auf: „Die Vorstellung, wonach Wahrheitsverdrehungen von diplomatischer Meisterschaft zeugten, gehört ins Reich der Fiktion, oder sonst beruht sie, was es leider auch gibt, auf krasser Fehlleistung." Weder in der Politik noch in der Wirtschaft sind Halbwahrheiten auf Dauer hilfreich. Es gilt, klar und zielorientiert zur Sache zu kommen – weder unverschämt direkt noch nebulös.

Diplomaten sprechen miteinander zielorientiert und zur Sache. Sie reden Tacheles, ganz im ursprünglichen Sinn des Wortes, das aus dem Jiddischen stammt und auf das hebräische Substantiv *tachlit* zurückgeht, was „Ziel" bedeutet. In der diplomatischen Kommunikation geht es genau darum: Ziele erreichen. Wenn etwas in den Hinterköpfen der Beteiligten ist und unausgesprochen bleibt, erschwert dies den Weg zum Ziel. Oder es verbaut ihn sogar. Die Tatsache, dass Diplomaten ihre eigene Sprache haben, ändert nichts an der Notwendigkeit, zur Sache zu kommen. Wie ich an anderer Stelle bereits erwähnt habe, ist es für Außenstehende manchmal schwierig, anhand der Statements von Diplomaten abzuschätzen, wie weit man in diplomatischen Verhandlungen tatsächlich gekommen ist. Sagt ein Diplomat zum Beispiel, seine Delegation habe mit der anderen Seite „ein offenes und konstruktives Gespräch" geführt, so ist noch so gut wie nichts geschehen. Auch wenn es in der Diplomatensprache heißt, es wurden „gute Fortschritte" erzielt, ist man von einem Durchbruch noch meilenweit entfernt. Diese „Codes" sind einfach Teil eines Fachjargons, wie ihn viele Berufszweige kennen. Wenn Sie im Krankenhaus sind und sich zwei Klinikärzte während der Visite über Ihren Zustand unterhalten, dann werden Sie als medizinischer Laie auch nicht immer einschätzen können, wie gut oder schlecht es um Ihre Gesundheit nun bestellt ist. Dennoch reden die Ärzte untereinander Tacheles, das heißt zielorientiert und zur Sache. Und so ist es auch in der Diplomatie. Erinnern Sie sich nur an die typischen Fragen, die sich Diplomaten bei Problemen stellen: Worum geht es eigentlich? Was ist der große Zusammenhang? Was steckt dahinter? In Verhandlungen ist es besonders wichtig, herauszufinden und klar zu benennen, worum es *wirklich* geht. Im Englischen nennt man das manchmal *the subject behind the subject*. Konflikte haben oft einen Anlass und eine Ursache, die nicht identisch sind. Auch neigen Menschen dazu, sich von Nebensächlichkeiten ablenken zu lassen und darauf die meiste Energie zu verschwenden. Am schwierigsten ist es, wenn Sachverhalte bewusst verschleiert werden, etwa weil geschehenes Unrecht vertuscht werden soll. In allen Fällen führt nur Tacheles wirklich zu einer Lösung.

Vor einiger Zeit traf ich in Zürich durch Zufall einen ehemaligen Regierungschef, den ich aus meiner Zeit als Diplomatin kannte. Er hatte sämtliche politischen Ämter aufgegeben und war in die Wirtschaft gewechselt. Wir kamen angeregt ins Gespräch und unterhielten uns bald über die Unterschiede zwischen Politik und Wirtschaft. Seine neuen Aufgaben im Business machten dem einstigen Spitzenpolitiker viel Freude; er hatte den Rückzug aus der Politik noch keinen einzigen Tag bereut. Für ihn gab es nur einen Wermutstropfen: „Die Kommunikation ist der Wahnsinn", platzte es aus ihm heraus, „keiner sagt, was er denkt." Geradlinigkeit sei ihm in der Politik immer das Wichtigste gewesen, doch nun müsse er in geschäftlichen Meetings regelmäßig raten, was die anderen meinten. Keiner rede Klartext, alle drückten sich wolkig und nebulös aus. Meistens wohl, um sich abzusichern und sich scheinbar unangreifbar zu machen. Damit habe er schwer zu kämpfen. Mir kamen diese Beobachtungen leider sehr bekannt vor. Nur selten erlebe ich in Unternehmen wirklich Klartext. Manche beklagen sich offen über zu viele Meetings, die nur Zeit kosten und in denen niemand richtig zur Sache kommt. Im Coaching ist es schon vorgekommen, dass Führungskräfte mir offenbart haben, sie wüssten praktisch von niemandem im Unternehmen, woran sie bei dieser Person wirklich seien. Das Gefährliche dabei: Unternehmen, in denen Sachverhalte nicht klar benannt werden, können auch ihre Konflikte nicht vollständig lösen und sind dadurch gehemmt. Zudem verschenken sie viel kreatives Potenzial, das sich nur in offenen Dialogen wirklich entfalten könnte.

Die goldene Mitte zwischen Unverschämtheit und Geschwafel

Tacheles reden, also klar und zielorientiert zur Sache kommen, ist so etwas wie die goldene Mitte zwischen einer unverschämten Direktheit, die den Gesprächspartner brüskiert, und einem zeitraubenden Herumgeschwafel, das im besten Fall schmeichelhaft gemeint ist und im schlechtesten Fall von unangenehmen Tatsachen ablenken soll. Während meiner beruflichen Laufbahn in Diplomatie und Wirtschaft habe ich bis heute wahrscheinlich die vollständige Bandbreite zwischen diesen Extremen erlebt. Auf dem diplomatischen Parkett in Wien zum Beispiel ging es zu meiner Zeit ebenso formvollendet wie gefährlich rutschig zu – ganz so, als seien Kaiserin Maria Theresia oder der Fürst von Metternich noch immer unter uns gewesen. Ein ehemaliger Protokollchef im Bundeskanzleramt begrüßte mich noch im Jahr 2000 allen Ernstes mit den Worten: „Ergriffenheit, Frau Gesandte!" Auch die Kommunikation im Umfeld von Bundespräsident, Bundeskanzler und Außenministerin empfand ich manchmal als floskelhaft. Gleichzeitig musste man in Wien bei aller Höflichkeit extrem aufpassen, was man sagte, damit einem kein Strick daraus gedreht wurde. Zu Beginn meiner diplomatischen Karriere bin ich öfters damit angeeckt, dass ich zu offen und direkt über Sachverhalte gesprochen habe. Da mag sich meine Vorarlberger Herkunft und insbesondere die Prägung durch meine Mutter gezeigt haben. Bei uns zu Hause mussten Probleme immer auf den Tisch! Als ich ab 1999 im Umfeld der österreichischen Bundesregierung so gut wie täglich mit Journalisten zu tun hatte, zahlte ich noch einmal Lehrgeld für meine Vorarlberger Art. Ich erinnere mich zum Beispiel noch gut, wie entsetzt ich war, als ich merkte, dass ein Journalist doch tatsächlich wortwörtlich geschrieben hatte, was ich ihm während eines Hintergrundgesprächs bei einer Tasse Kaffee erzählt hatte.

Wenn Sie selbst als Führungskraft öfter Gespräche mit Journalisten führen, dann wissen Sie vielleicht, dass es zwei Sorten von Journalisten gibt: Die einen sind sozusagen „alte Schule“ und schützen ihre Informanten. Man kann mit ihnen hinter den Kulissen recht offen reden, denn sie wissen, was sie schreiben dürfen und was nicht. Diese Journalisten sind an langfristigen, guten Beziehungen zu Politik und Wirtschaft interessiert. Da sie auch weiterhin an Hintergrundinformationen kommen wollen, veröffentlichen sie nicht alles, was sie wissen, oder verzichten zumindest fallweise darauf, die Namen ihrer Quellen zu nennen. Sie verstehen ihren Beruf auch nicht so, dass sie die Karrieren von Menschen mit Enthüllungen zerstören wollen. Die andere Sorte von Journalisten ist rücksichtslos und allein daran interessiert, an möglichst brisantes Material für ihre Veröffentlichungen zu kommen. Diese Journalisten schreiben alles, was sie irgendwo aufgeschnappt haben, selbst wenn es nur Gerüchte sind. Bei Journalisten dieses Kalibers müssen Sie sogar aufpassen, dass sie nicht versuchen Sie auszutricksen, beispielsweise mit Fangfragen, die Sie dazu verleiten sollen, sich in Widersprüche zu verstricken. Ich hatte mit beiden Sorten von Medienvertretern zu tun und wusste irgendwann, mit ihnen allen umzugehen.

Als ich von Wien nach Liechtenstein wechselte, kam ich nicht nur geografisch in eine ganz andere Welt, sondern auch, was den Kommunikationsstil angeht. So wie der Fürst selbst am Steuer eines Mittelklasse-SUV sitzt, statt sich im Fond einer Luxuslimousine chauffieren zu lassen, ist den bodenständigen Menschen in Liechtenstein auch sonst alles Höfische, allzu Feingeistige und betont Zeremonielle fremd. Aus Wien kommend war die Unverblümtheit, mit der die Menschen in Liechtenstein teilweise einander die Meinung sagen, geradezu ein Schock für mich. Gestern noch hieß es „Meine Verehrung, Frau Gesandte“ – und nun stellte sich mir der Regierungschef gleich bei unserem ersten Treffen mit Vornamen vor und duzte mich. Ich muss wohl ein ziemlich verblüfftes Gesicht gemacht haben, denn er bemerkte gleich, das sei so üblich, alle würden sich duzen. Doch es kam der Tag, da wusste ich die liechtensteinische Direktheit sehr zu schätzen. In der Krise, während der Steueraffäre mit Deutschland, wurde untereinander Tacheles geredet, während man nach außen klug kommunizierte und möglichst mit einer Stimme sprach. Die Geradlinigkeit der Menschen in Liechtenstein hat vieles für sich, und dennoch musste ich mich erst daran gewöhnen. Dabei kannte ich brutalen Klartext schon aus Israel. Wenn Sie dort den Vertretern radikaler Siedler zugehört haben, dann hörte sich das ungefähr so an: „Dies ist unser Land. Hier bauen wir. Diskussion beendet."

Zielorientiert und zur Sache sprechen ist also oft gar nicht so einfach. Es gibt zunächst einmal Mentalitätsunterschiede zu beachten, und zwar nicht nur zwischen verschiedenen Kulturen, sondern auch zwischen einzelnen Städten und Regionen innerhalb desselben Landes. Haben Sie sich aber einmal an den besonderen Stil einer Stadt oder Region gewöhnt, sich sozusagen kommunikativ akklimatisiert, dann gilt vom Prinzip her überall dasselbe: Niemand möchte mit brutaler Direktheit brüskiert und bloßgestellt werden, während es umgekehrt Menschen auf der ganzen Welt schätzen, wenn ihnen reiner Wein eingeschenkt wird. Die Psychologin und Autorin Ilona Bürgel zitiert eine Studie von Martin Seligman und Kollegen, nach der es bestimmte Tugenden gibt, die trotz aller kulturellen Unterschiede weltweit gleichermaßen geschätzt werden: Es sind Freundlichkeit, Fairness, Authentizität, Dankbarkeit und Offenheit. Innerhalb des jeweiligen kulturellen Rahmens kommen Sie also überall auf der Welt mit Menschen weiter, wenn Sie stets freundlich bleiben, statt ausfallend zu werden, auf unfaire Tricks verzichten und offen, ehrlich und authentisch sagen, was Sache ist. Das alles meine ich mit Tacheles reden.

Die Entwicklung des Finanzplatzes Liechtenstein ist ein Beispiel dafür, dass es manchmal ein langer und steiniger Weg sein kann, sich von alten Mustern der Verschleierung und Heimlichtuerei zu verabschieden. Gleichzeitig ist man gerade in Liechtenstein heute davon überzeugt, dass sich Klarheit, Offenheit und Fairness im Umgang mit Anlegern und Behörden langfristig auszahlen werden. Selbst dann, wenn die neue Geradlinigkeit kurzfristig zu Verlusten führt. Mit der sogenannten Weißgeldstrategie verpflichtete sich Liechtenstein, nur noch nachweislich legal erwirtschaftetes und im Ausland korrekt versteuertes Geld anzunehmen. Der Abzug von Schwarzgeldkonten und sogenannten Briefkastenfirmen ließ die Staatseinnahmen im Fürstentum zunächst spürbar sinken. Dennoch sah die liechtensteinische Regierung kaum eine Alternative zur Weißgeldstrategie und wusste dabei auch die breite Mehrheit der Bevölkerung hinter sich, wie sich in Meinungsumfragen zeigte. Liechtenstein ist heute ein Vorzeige-Finanzplatz, der internationale Auflagen freiwillig sogar noch übertrifft. Ich kann mich jedoch an das lange Ringen hinter den Kulissen noch gut erinnern. Bereits Jahre vor der Steueraffäre mit Deutschland war das Geschäftsmodell des Finanzplatzes Liechtenstein seitens internationaler Organisationen in die Kritik geraten. Es ging dabei um Geldwäsche im Zusammenhang mit organisierter Kriminalität, Korruption und Drogengeschäften. Bei meiner Arbeit fand ich es belastend, wenn ich beispielsweise von Mitgliedern der Treuhändervereinigung „privat" in Deals eingeweiht wurde, die in den vorangegangenen Jahren stattgefunden hatten, das alles dann aber nach außen anders „verkaufen" sollte. Mancher Verbandsfunktionär äußerte sich damals in der Öffentlichkeit fortschrittlich im Sinne der Weißgeldstrategie, worauf es wütende Leserbriefe in den Zeitungen hagelte, die den Funktionär zurückrudern ließen. Auch gab es Rechtsanwälte und Vermögensverwalter, denen ihre zwielichtigen Mandanten der Vergangenheit mittlerweile höchst peinlich waren. Schließlich kam hinzu, dass die Industrie und das produzierende Gewerbe ja für die liechtensteinische Wirtschaft noch viel wichtiger waren und sind als die Finanzbranche. Dem entsprechend waren die liechtensteinischen Industriemanager wenig begeistert darüber, dass die Banker und Treuhänder dem Standort Liechtenstein international zu einem zweifelhaften Ruf verholfen hatten. In dieser Gemengelage war es manchmal sehr, sehr schwierig, Tacheles zu reden. Umso mehr bewundere ich heute den Mut der Liechtensteiner, letztlich doch alle Fakten auf den Tisch gelegt zu haben – und das unter anhaltenden Anfeindungen aus dem Ausland, insbesondere aus Deutschland und den USA. Wer Tatsachen offenlegt und die Courage besitzt, sich ehrlich und selbstkritisch anzuschauen, wo er steht, setzt Kraft für einen Neubeginn frei. In Liechtenstein ist dieser Neubeginn geglückt.

„Put the fish on the table!" – Unangenehmes gehört besprochen

Bereits als Kind habe ich von meiner Mutter gelernt, Unangenehmes stets offen zu artikulieren und gemeinsam zu besprechen. Verschweigen belastet, aussprechen entlastet. Die Amerikaner sagen „Put the fish on the table!", wenn sie meinen, dass ausgesprochen gehört, worum es wirklich geht. Eine entsprechende deutsche Redensart lautet: „Hört auf, um den heißen Brei herumzureden!" Während meiner diplomatischen Laufbahn bin ich mit diesem einfachen, letztlich auf Hausverstand basierenden Prinzip immer gut gefahren. In Politik und Wirtschaft zeigt sich stets aufs Neue: Wo die wichtigsten Fakten verschwiegen oder nur wenigen Eingeweihten zugänglich gemacht werden, da herrscht Stillstand und ängstliches Abwarten. Wo hingegen unangenehme Wahrheiten behutsam, aber offen ausgesprochen werden, entsteht Bewegung. Durch Klarheit und Offenheit entstehen neue Möglichkeiten. Sicher war es für viele EU-Politiker ein Schock, als der frisch gewählte griechische Finanzminister Yanis Varoufakis auf dem Höhepunkt der Schuldenkrise seines Landes erklärte: „Es ist Zeit, die Wahrheit zu sagen: Griechenland ist bankrott, seit 2010. Wir werden die Kredite nie zurückzahlen können. Die Steuerzahler der Eurozone haben bereits viel zu viel gezahlt. Es wäre unanständig, wenn sie noch mehr zahlen würden." Da lag plötzlich eine unangenehme Wahrheit auf dem Tisch – wie ein stinkender Fisch. Doch außerhalb der Eurozone, insbesondere in Großbritannien, den USA und der Schweiz, bekundeten viele offen ihre Sympathie für Varoufakis. Hatte es gestern noch so ausgesehen, als stecke Griechenland so sehr im Schraubstock der übrigen Euroländer, dass es überhaupt keine Handlungsoptionen mehr hätte und sich nur noch von Deadline zu Deadline den Diktaten aus Berlin, Brüssel und Frankfurt beugen könnte, wehte da beinahe über Nacht ein frischer Wind. Allem Anschein nach wollten die Griechen wieder ernst genommen werden und über die Zukunft ihres Landes selbst bestimmen. Varoufakis stellte die Frage nach dem Sinn der bisherigen Politik und kündigte an, einen in Aussicht gestellten Kredit über sieben Milliarden Euro nicht in Anspruch nehmen zu wollen.

Daraufhin wurde in der europäischen Öffentlichkeit verstärkt eine Frage diskutiert, die bisher nur von wenigen Finanzexperten und Journalisten überhaupt gestellt worden war: Wie viel von jedem neuen Milliardenkredit kommt denn tatsächlich in Griechenland an? Der Zürcher *Tages-Anzeiger* schrieb: „Die deutschen und die französischen Banken, die im Boom Griechenland gigantische Kredite gegeben hatten, waren nach und nach von staatlichen Institutionen ausgekauft worden. Was einst deren Problem war, wurde das der Steuerzahler Europas. Und die Griechen sahen von den Geldern fast nichts: Bis zu 90 Prozent der Kredite gingen ohne Umweg an die Gläubiger. Letztlich war also nur das Bankensystem stabilisiert worden." Bereits zwei Jahre zuvor war der deutsche Journalist Harald Schumann in der vom deutsch-französischen Kultursender Arte ausgestrahlten Reportage „Staatsgeheimnis Bankenrettung" zu genau demselben Schluss gekommen: Das Geld der milliardenschweren „Rettungspakete" für die südeuropäische und irische Wirtschaft landete letztlich fast ausschließlich bei den Gläubigern. Wer genau diese sind, ist tatsächlich geheim. Nach der Recherche des Journalisten Harald Schumann bergen die Namen der Gläubiger jedoch keine Überraschungen. Ihre Zentralen befinden sich in Frankfurt, Paris oder Madrid und ihre Logos sind in zahllosen europäischen Innenstädten präsent. Einstweilen zog Yanis Varoufakis folgende Zwischenbilanz des bisherigen Rettungsprogramms der Europäischen Union: Mit rund 240 Milliarden Euro an Finanzspritzen zwischen 2009 und 2015 war Griechenland das teuerste Hilfsprogramm der Geschichte. Das Resultat war die schlechteste Wirtschaftsleistung eines westlichen Landes seit 1930. Die Arbeitslosigkeit stieg auf 25 Prozent, bei Jugendlichen auf 50 Prozent. Die Wirtschaft brach um 25 Prozent ein, und die Staatsschulden stiegen auch während des von der EU verordneten eisernen Sparens um weitere 35 Prozent. In Washington meldete sich Präsident Obama zu Wort. Er meinte, man solle Griechenland nun nicht weiter „auspressen". Auch das war ein mehr als deutliches Statement. Bei einer Wirtschaft, die sich „im freien Fall" befinde, brauche es vor allem eine Wachstumsstrategie, meinte der US-Präsident. Bei allen fraglos nötigen Reformen in Griechenland wünsche er sich mehr Zugeständnisse gegenüber den Griechen und eine faire Lösung, mit der alle Beteiligten leben könnten.

Während ich am Manuskript dieses Buchs arbeite, dauert die Eurokrise weiter an. Ihr Ausgang scheint ungewiss. Zeitgeschichte nimmt nun einmal keine Rücksicht auf Buchautoren, doch geht es mir in diesem Kapitel auch gar nicht um die europäische Schuldenkrise als solche oder die Frage, wie sie am besten zu lösen ist. Es geht mir einzig darum, dass die Tatsachen auf den Tisch müssen, wenn man in schwierigen Situationen handlungsfähig bleiben und auf neue Ideen kommen will. Immer, wenn es heißt, eine eingeschlagene Richtung sei „alternativlos", sollten Sie hellhörig werden. Dann ist nämlich mit ziemlicher Sicherheit etwas faul. Genau wie nie jemand nur recht oder nur unrecht hat, ist auch niemals der Weg, den eine Seite unter allen Umständen gehen will, der einzig mögliche. Wer in einem Konflikt einseitig seine Interessen durchsetzen will, der möchte oft nicht, dass alle Tatsachen auf den Tisch kommen. Ist die Interpretation der Lage interessengeleitet und deshalb absichtlich einseitig, dann soll an der Deutung möglichst nicht gerüttelt werden. Auch hier steht im Hintergrund letztlich das übertriebene Konkurrenzdenken in der Wirtschaft, wie wir sie heute kennen. Geht es um Sieg oder Niederlage, erscheint es logisch, einen bereits geschwächten Gegner erst recht unter Druck zu setzen, damit er auch seinen restlichen Widerstand aufgibt. Wenn es einem Bankmanager einzig und allein darauf ankommt, kurzfristig das meiste Geld in der Kasse zu haben, kann es ihm letztlich egal sein, ob seine Schuldner zahlen oder seine Regierung oder die Regierungen anderer Staaten. Sobald es jedoch in der Wirtschaft darum geht, langfristige, nachhaltige Lösungen zum Wohle aller Betroffenen zu finden, sieht die Welt anders aus. Dann muss gerade in scheinbar aussichtslosen Situationen offen über alle Optionen gesprochen werden. Eigene Versäumnisse und die eigene Mitverantwortung für die Krise dürfen in der Diskussion kein Tabu sein.

In unserer westlichen Kultur ist es üblich, dass diejenigen, die am längeren Hebel sitzen, kaum über ihre Fehler sprechen, während diejenigen, die gerade untergehen, alle

Schuld auf sich nehmen. Da wirkt vielleicht nach, dass das christliche Abendland die Menschen jahrhundertelang in Heilige und Sünder eingeteilt hat. In Japan, wie ich das Land während meiner Zeit dort erlebt habe, wäre so eine Polarisierung undenkbar. Hier ist es, wie bereits erwähnt, entscheidend, dass jede Seite ihr Gesicht wahrt. Niemand darf über Gebühr gedemütigt werden, weil das den sozialen Zusammenhalt gefährden würde. Der Zusammenhalt ist stets wichtiger, als dass eine Seite Recht bekommt. Eine Güterabwägung, über die es sich auch unter den zerstrittenen europäischen Regierungen vielleicht einmal nachzudenken lohnt. Und was für die Politik gilt, das gilt auch für das Management. Zahlreiche Studien belegen, dass Fusionen und Übernahmen häufig scheitern – oder zumindest massive Abwanderungen talentierter Mitarbeiter in den ersten Jahren der „Post-Merger-Integration" zur Folge haben. Ein häufig zu beobachtendes Phänomen ist dabei, dass die größeren den kleineren Unternehmen (beziehungsweise die Käufer den Gekauften) einseitig ihr Management und ihre Philosophie überstülpen. Eine subtile Form des Rechts des Stärkeren, ließe sich sagen, allerdings meist mit verheerenden Folgen für die Unternehmenskultur und die Motivation der Mitarbeiter bei der übernommenen Firma. Hinzu kommt, dass im Vorfeld von Übernahmen – besonders, wenn diese umkämpft sind und es große Widerstände gibt – häufig Feindbilder entstehen. Der Übernahmekandidat sieht das größere und stärkere Unternehmen wie einen Aggressor, gegen den es sich zur Wehr setzen muss. Plakate, die bei Betriebsversammlungen in die Höhe gestreckt werden, sprechen oft Bände. Kommt die Fusion oder Übernahme trotz aller Widerstände doch zustande, sollen sämtliche Mitarbeiter von einem auf den anderen Tag gute Kollegen sein und höchst produktiv zusammenarbeiten. Die Feindbilder von gestern werden nicht thematisiert, geschweige denn abgebaut. So hegen manche Mitarbeiter noch nach Jahren einen Groll, den sie aber nicht in Mitarbeitergesprächen oder auf Betriebsversammlungen artikulieren, sondern nur privat und hinter vorgehaltener Hand. Auch bei einer „Post-Merger-Integration" ist die menschliche Ebene stets wichtiger als die Sachebene. Alles, was in diesem Veränderungsprozess hemmt und belastet, gehört offen artikuliert und besprochen.

Wie klare Ansagen den Weg zur einvernehmlichen Lösung ebnen

In Unternehmen scheitern Gespräche zwischen Führungskräften und Mitarbeitern allzu oft bereits daran, dass beide Seiten nicht offen ansprechen, was ihnen wirklich wichtig ist. So verlässt man sich dann manchmal auf Spekulationen. Ein Mitarbeiter will zum Beispiel unbedingt eine andere Aufgabe übernehmen, und der Vorgesetzte denkt, es ginge dem Angestellten bloß wieder darum, mehr Geld zu verdienen. In Wirklichkeit ist dem Mitarbeiter vielleicht vor allem langweilig. Die Bezahlung interessiert ihn gar nicht vorrangig. Bleiben die Bedürfnisse beziehungsweise Befürchtungen unausgesprochen, kann man im Mitarbeitergespräch bestens aneinander vorbeireden. So sehr es zu begrüßen ist, dass Mitarbeitergespräche heute fast überall Pflicht sind, so sehr muss betont werden: Wenn nicht auf den Tisch kommt, worum es eigentlich geht, sind solche Gespräche vergeudete Zeit.

Schon ein simpler Nachbarschaftsstreit im privaten Umfeld kann zeigen, wie schnell Kommunikation versagt und sich die Fronten verhärten, wenn Menschen auf Spekulationen angewiesen sind und nicht wissen, worauf es der anderen Seite wirklich ankommt. Im Montafon, wo ein Teil meiner Familie herstammt, legte einmal ein Grundbesitzer einen großen Teich an. Die Nachbarn waren nicht begeistert. Sofort meinte der Grundbesitzer zu wissen, warum: Bestimmt stört die Leute das Geschnatter der Enten, die ein solcher Teich naturgemäß anzieht. Oder sind es die Mücken? Doch es stellte sich heraus, dass weder Enten noch Mücken das Problem waren. Der Teich war vielmehr unzureichend abgedichtet und das versickernde Wasser ruinierte die Blumen und Sträucher in den benachbarten Gärten. Als das Problem endlich auf dem Tisch war, konnte es auch gelöst werden. Der Grundbesitzer dichtete seinen Teich ab und war letztlich froh, dass seine Nachbarn mit den übrigen Begleiterscheinungen seines Gewässers gut leben konnten. Wer es schon in solchen privaten Situationen nicht gewohnt ist, Klartext zu reden, der wird im Unternehmen nicht plötzlich besser kommunizieren. Es ist deshalb eine Führungsaufgabe, offene Kommunikation zu fördern. Die Probleme müssen auf den Tisch. Was immer es ist, es gehört besprochen.

Wie schwierig es manchmal sein kann, offen über Probleme zu reden, mag eine Geschichte verdeutlichen, die ich während eines Führungskräftetrainings gehört habe. Im mittleren Management eines Unternehmens gab es einen Mitarbeiter, der bei allen seinen Kollegen ausgesprochen beliebt war. Er verbreitete stets gute Laune und galt bei jeder Betriebsfeier als wahre Stimmungskanone. Nun rückte sein 25-jähriges Dienstjubiläum näher, und da wollten die Vorgesetzten und Kollegen für diesen lebensfrohen Menschen ein ganz besonderes Fest organisieren. Doch jedes Mal, wenn der Geschäftsführer den Jubilar auf die anstehende Feier ansprach, winkte dieser ab. Das sei doch Zeitverschwendung, behauptete er. An seinem Ehrentag wolle er am liebsten einfach arbeiten, so wie immer. Ein Fest eigens für ihn sei gar nicht nötig. Schnell machte die eigenartige Reaktion des Jubilars im Unternehmen die Runde. Was war denn mit dem los? War er zu bescheiden? So kannten die Kollegen ihn gar nicht. Dummerweise schaukelte sich die Sache immer weiter hoch. Je mehr der Jubilar sich zierte, desto mehr stachelte das den Ehrgeiz der Geschäftsleitung und der Kollegen an, für ihn erst recht das verdiente Fest auszurichten. Schließlich kam es zu einer hoch emotionalen Szene. Der Jubilar hielt den Druck nicht länger aus und redete schockartig Tacheles. Unter Tränen gestand er seinem Chef und seinen Kollegen, dass er den letzten Urlaub gar nicht im sonnigen Süden, sondern in einer Entzugsklinik verbracht hatte. Aus seiner Feierfreude war nämlich über die Jahre ein veritables Alkoholproblem geworden. Jetzt hatte er mit dem Entzug begonnen und panische Angst, auf einer feucht-fröhlichen Jubiläumsfeier einen Rückfall zu erleiden. Nachdem die Wahrheit auf dem Tisch war, schlug dem Mann eine wahre Welle der Sympathie und des Mitgefühls entgegen. Alle wollten ihm helfen und ihn unterstützen. Die Belegschaft richtete nun erst recht eine wunderbare Jubiläumsfeier aus – auf der es keinen einzigen Tropfen Alkohol zu trinken gab, und zwar für niemanden. Das machte dem Jubilar noch einmal extra viel Mut und unterstützte ihn auf seinem Weg zu einem gesünderen Leben.

Warum nicht gleich so? Das könnte man sich in einem Fall wie diesem fragen. Schlechte Kommunikation hat selten nur eine einzige Ursache. Und dennoch schließt sich hier ein Kreis zu den Themen, die ich in den ersten Kapiteln dieses Buchs aufgegriffen habe: Wird im Unternehmen der Mensch hinter der Rolle gesehen? Und sind sich alle im Unternehmen bewusst, dass die menschliche Ebene im Lot sein muss, bevor man auf der Sachebene weiterkommt? Bei plötzlichen dramatischen Gefühlsausbrüchen, so wie im Fall des Jubilars, der sich für seine Erkrankung schämte, können Sie davon ausgehen, dass vorher etwas nicht gestimmt hat. Die Amerikaner bezeichnen den plötzlichen Ausbruch von Emotionen manchmal auch als *ketchup-bottle-effect*. Wahrscheinlich kennen Sie das: Oft kommt aus einer Ketchup-Flasche zuerst fast gar nichts heraus und dann plötzlich viel zu viel. Der Grund ist der enge Flaschenhals, der das freie Fließen verhindert. Und so ähnlich ist es auch mit der Seele des Menschen: Wenn wir uns zu sehr zurückhalten und unsere wahren Gefühle zu wenig zeigen, dann staut sich etwas an. Die Gefahr ist, dass sich alles seelisch Aufgestaute dann plötzlich Bahn bricht – und das vielleicht noch in einem besonders ungünstigen Moment. Wenn Sie verhindern wollen, dass sich Menschen in schwierigen Situationen nicht trauen zu sagen, worum es ihnen wirklich geht, dann hilft nur, es sich in guten Zeiten zur Gewohnheit zu machen, offen zu reden. Wer offen über seine Gefühle und seine Bedürfnisse sprechen kann, wenn es ihm gut geht, der fasst Vertrauen und wird mit großer Wahrscheinlichkeit auch im Konfliktfall offen sein. Leider wird ein solches Vertrauen durch übertriebenes Konkurrenzdenken rasch zerstört. In vielen Organisationen halten sich Menschen zurück, weil sie es als Schwäche interpretieren, sich menschlich zu zeigen, und befürchten, ein Widersacher könnte ihnen schaden, wenn er zu viel über sie weiß. Doch wenn möglichst viele mit gutem Beispiel vorangehen und die Karten stets auf den Tisch legen, egal, wie heikel das Thema ist, kann Schritt für Schritt ein kultureller Wandel einsetzen. Am Ende wird es unvergleichlich einfacher sein, in schwierigen Situationen Lösungen zu finden, mit denen alle Beteiligten gut leben können.

Zum Glück gibt es heute schon genügend Beispiele für Organisationen, in denen nicht um den heißen Brei herumgeredet wird. So durfte ich einmal in einem Unternehmen miterleben, wie eine heikle Situation im Topmanagement im besten Sinn für alle Beteiligten gelöst wurde. Der Schlüssel dazu war, dass sich alle klar und deutlich zu ihren Erwartungen und Bedürfnissen äußerten. Es ging in diesem Fall um ein Vorstandsmitglied, mit dem einfach kein Konsens mehr über die zukünftige Ausrichtung des Unternehmens zu erzielen war. Er stand innerhalb des Managements zunehmend isoliert da. Die permanenten Diskussionen mit den übrigen Topmanagern waren längst zermürbend geworden und nicht mehr produktiv. Der CEO und der Aufsichtsrat kamen schließlich zu der Überzeugung, dass es das Beste sei, diesen Vorstand zu entlassen und einen Manager neu in den Vorstand zu berufen, der sich mit der neuen Ausrichtung des Unternehmens identifizieren konnte. Der Aufsichtsrat fürchtete jedoch, dass der Streit mit dem bisherigen Vorstand eskalieren könnte, wenn er diesem seine Entlassung ankündigte. Es kam zu einer offenen Aussprache. Darin erklärte der umstrittene Vorstand überraschend, er sei grundsätzlich damit einverstanden, das Unternehmen zu verlassen und sich neu zu orientieren. Die Entlassung an sich sei für ihn kein Problem, zumal er längst damit gerechnet habe. Sorge mache ihm allein sein Image in der Öffentlichkeit, das schließlich unmittelbare Auswirkungen auf seine Attraktivität für künftige Arbeitgeber habe. Er sagte klar und deutlich: Ich brauche eine positive Mediendarstellung. Dann werde ich keinen Ärger machen. Keinesfalls wollte der Mann in der Presse als Verlierer eines Richtungsstreits im Konzern dargestellt werden. Die anderen Topmanager waren erleichtert und versicherten ihm, das sei überhaupt kein Problem. Sie schlugen vor, dass der Vorstand selbst ein Konzept für eine Pressemitteilung entwerfen sollte, die sein Ausscheiden aus dem Vorstand ankündigen würde. So geschah es dann auch. Das Unternehmen veröffentlichte eine Pressemitteilung, die den Wünschen des scheidenden Vorstands entsprach und gleichzeitig nichts enthielt, was sachlich falsch gewesen wäre oder die übrigen Topmanager in ein schlechtes Licht gerückt hätte. Schließlich gingen alle ohne Streit auseinander und konnten ihr Gesicht wahren. So einfach kann das sein, wenn die Beteiligten eine klare Ansage machen, was sie brauchen und was sie erwarten.

KAPITEL 7

Digitaldiät: Persönliche Kommunikation ist das Lebenselixier der Wirtschaft

„Der Freund des Gesprächs ist der Freund des Friedens, der nur auf dem Gespräch der Menschen miteinander ruhen kann", meinte der ehemalige deutsche Bundespräsident Richard von Weizsäcker (1920–2015). Persönliche Kontakte sind das wertvollste Kapital jedes Diplomaten, und im Gespräch wird dieses Kapital investiert. Die neuen digitalen Kommunikationswege können das persönliche Gespräch nicht ersetzen. Im Umgang mit digitalen Technologien ist sogar die Frage, ob weniger nicht oft mehr wäre.

Diplomaten sind, nüchtern betrachtet, Beamte im öffentlichen Dienst. Aktenvermerke in farbigen Umlaufmappen sowie eine Flut dienstlicher E-Mails prägen den Arbeitsalltag der Botschaften in Paris, Peking oder Pretoria ebenso wie den der Ministerien im heimischen Wien, Berlin oder Bern.

Auch die Botschafter selbst verbringen an einem typischen Arbeitstag oft viele Stunden an ihren Schreibtischen, studieren Akten und tippen oder diktieren E-Mails. Die schriftliche Kommunikation ist nun einmal das Rückgrat der öffentlichen Verwaltung. Tatsächlich lassen sich in der Diplomatie viele Aufgaben schriftlich erledigen. Die geläufigste Korrespondenzform im diplomatischen Dienst ist traditionell die sogenannte Note. Diplomatische Noten dienen sowohl der Erledigung von Routineangelegenheiten als auch der Klärung politischer Fragen. Es gibt ein eigenes Protokoll für den diplomatischen Schriftverkehr, das beispielsweise auch für einfache Briefe, Beglaubigungsschreiben, Vollmachten und dergleichen gilt. In einer Dienstanweisung des Schweizer Departements für auswärtige Angelegenheiten heißt es dazu: „Die diplomatische Korrespondenz muss besonders sorgfältig formuliert werden; die Bedeutung jedes Worts und jedes Satzes muss genau geprüft werden." Keine Frage: Spitzendiplomaten müssen Meister der schriftlichen Kommunikation sein. Ein einziges falsches Wort kann bereits zu erheblichen Irritationen führen.

Und dennoch: Immer, wenn es wichtig wird, setzen Diplomaten auf das persönliche Gespräch. Persönliche Kontakte sind das wertvollste Kapital jedes Diplomaten, und im Gespräch unter vier Augen wird dieses Kapital investiert. Dabei bedeutet das persönliche Gespräch nicht zwingend, dass mit dem Gesprächspartner eigens ein Termin vereinbart wird. Sie können zum Beispiel während eines Termins bei einer afrikanischen Regierung zum Thema Entwicklungszusammenarbeit beobachten, wie sich der deutsche und der amerikanische Botschafter zum kurzen Gespräch in eine Ecke des Raums zurückziehen. Die Vertreter befreundeter Staaten tauschen sich aus, um sich nicht gegeneinander ausspielen zu lassen. Dabei wird mitunter Klartext geredet, der niemals in Aktenvermerken auftauchen würde. Auch dienen diplomatische Empfänge keineswegs in erster Linie dem Champagnertrinken oder dem Verzehr von Canapés, sondern sie sind für Diplomaten Arbeitszeit, die hohe Konzentration erfordert. Wenn Sie als Diplomat bei einer solchen Veranstaltung eintreffen, werden Sie sich bereits überlegt haben: Wer ist heute Abend zu Gast und mit wem möchte ich unbedingt persönlich sprechen? Auch bei großen internationalen Konferenzen wie zum Beispiel der Münchner Sicherheitskonferenz sind die Gespräche davor und am Rande mindestens so wichtig wie das offizielle Programm. In Vier- oder maximal Sechs-Augen-Gesprächen stimmen sich die Teilnehmer bei solchen Anlässen schon im Vorfeld persönlich ab, um keine Überraschungen zu erleben und zu wissen, wen sie in einzelnen Sachfragen auf ihrer Seite haben und wen nicht.

In Wirtschaft und Management spielen persönliche Begegnungen traditionell eine kaum weniger große Rolle. Es beginnt damit, dass zahllose Unternehmen einen Vertriebsaußendienst unterhalten, der die wichtigsten Kunden regelmäßig persönlich besucht. In etlichen Branchen ist es üblich, Verhandlungen über Preise und Konditionen ausschließlich persönlich zu führen. Das geschieht in der Regel vor Ort beim Kunden. Bei kleineren Unternehmen besucht der Chef regelmäßig mit dem Auto oder dem Flugzeug seine „Key Accounts“. Wichtige Managemententscheidungen werden in Meetings einvernehmlich getroffen. Hinzu kommen Strategietage und verschiedene informelle Anlässe, die dem intensiven Austausch dienen. Die Geschäftsführer und CEOs international aufgestellter Unternehmen besuchen regelmäßig ihre verschiedenen Auslandsniederlassungen oder Tochtergesellschaften. Kontakte mit ausländischen Regierungen und potenziellen Partnern auf der ganzen Welt werden ebenfalls bevorzugt persönlich geknüpft. Dabei organisieren sie solche oft recht aufwändigen Reisen entweder selbst oder reisen als Mitglieder der Delegation eines Regierungschefs,

Wirtschaftsministers, Ministerpräsidenten oder Landrats. Das alles wird Ihnen sicherlich vertraut sein.

Anders als in der Diplomatie wird die Notwendigkeit der persönlichen Kommunikation in der Wirtschaft jedoch zunehmend in Frage gestellt. Machen die neuen digitalen Medien die zeitaufwändige und teure Reisetätigkeit nicht überflüssig? Haben wir uns nicht bald digital so umfassend vernetzt, dass sich ohnehin alle mit allen ständig austauschen? Sind Vertreterreisen quer durchs Land und erst recht Vier-Augen-Gespräche am anderen Ende der Welt nicht langsam von gestern? Schließlich erlauben doch die neuen Technologien, so gut wie alles auch am Bildschirm zu erledigen. Dank Anwendungen wie Skype oder Face-Time sind Videokonferenzen heute mit jedem gewöhnlichen Laptop oder Tablet, ja sogar über das Smartphone möglich. Mit professionellen Tools für Videoconferencing konferiert sogar ein Dutzend Personen in lebensgroßer Darstellung in einem Raum. Wozu da noch Businessclass-Flüge, die viel Geld kosten und auch noch die Umwelt belasten?

Sicherlich sind die neuen digitalen Technologien eine Bereicherung und bieten enorme Chancen für das Business in einer globalisierten Welt. Doch was das Thema Kommunikation angeht, ist mein Standpunkt eindeutig: Die direkte, persönliche Kommunikation von Mensch zu Mensch ist ebenso das Lebenselixier der Wirtschaft wie der Diplomatie. Die digitalen Kommunikationsmittel und die sogenannten Social Media ändern daran vom Prinzip her nichts. Wir sollten im Gegenteil sogar aufpassen, dass uns die schnelle, bunte und faszinierende Welt des Internets nicht von dem ablenkt, worum es auch in Zukunft im Wesentlichen gehen wird: eine Wirtschaft mit Menschen und für Menschen. Doch warum ist persönliche Kommunikation überhaupt so unverzichtbar? Werfen wir dazu zunächst wieder einen Blick in die Welt der Diplomatie.

Das persönliche Gespräch in Zeiten möglicher Totalüberwachung

Es mutet heute fast anachronistisch an, doch in der Vergangenheit war einer der wichtigsten Gründe für Diplomaten, das persönliche Gespräch zu suchen, die relative Sicherheit vor Spionage. Briefe konnten abgefangen, Telefonate mitgehört und Versammlungen heimlich belauscht werden. Schon während der italienischen Renaissance gab es Räume, bei denen man vom Nebenraum aus mithören und durch versteckte Öffnungen das Geschehen beobachten konnte. Die Gesprächspartner trafen sich deshalb manchmal in Kirchen oder auf Friedhöfen für ein vertrauliches Gespräch unter vier Augen. Während der Zeit des Kalten Krieges wurde es für Politiker und Diplomaten immer schwieriger, abhörsichere Orte für vertrauliche Gespräche zu finden. Das lag einerseits am technischen Fortschritt bei der Abhörtechnik, die sich immer besser verstecken ließ, und andererseits an der ausufernden Spionagetätigkeit der Geheimdienste. Beim Streit um den NATO-Doppelbeschluss im Jahr 1982 gelang US-Unterhändler Paul Nitze und seinem sowjetischen Kollegen Juli Kwizinski während des sogenannten „Waldspaziergangs" ein Durchbruch, der allerdings von ihren jeweiligen Regierungen später verworfen wurde. Ob das Gespräch im Wald abhörsicher war, ist nicht überliefert, doch vielleicht konnten die beiden ja in der Natur unbefangener reden als im Konferenzraum. Als einer der größten Skandale des Kalten Krieges ist in Erinnerung geblieben, was Mitte der Achtzigerjahre überraschend bekannt wurde: Der Neubau der US-Botschaft in Moskau war während der Bauarbeiten vom sowjetischen Geheimdienst komplett verwanzt worden, einschließlich der vermeintlich „abhörsicheren" Räume. Die US-Amerikaner waren und sind allerdings selbst kaum zurückhaltender mit Abhörgeräten. Im Jahr 2002 zum Beispiel ließ China bei einer Privatfirma in den USA eine Boeing 767 zur Präsidentenmaschine für Staatspräsident Jiang Zemin umbauen. Geliefert bekamen die Chinesen ein Flugzeug mit über 20 Abhöranlagen, alle winzig klein und angeblich satellitengesteuert. Die Wanzen steckten unter anderem im Kopfrahmenteil des Betts für den Präsidenten und in den Verkleidungen seines Waschraums. Der ehemalige österreichische Handelsdelegierte in der nordkoreanischen Hauptstadt Pjöngjang erzählte mir einmal, wie belastend es für ihn auf diesem Posten war, nirgendwo auch nur einen Zipfel Privatsphäre zu besitzen. Die Abhörgeräte waren einfach überall! Auch sämtliche Diplomatenwohnungen waren präpariert. Es war ein Leben wie das der Kandidaten in der umstrittenen Fernsehshow „Big Brother". Zwei Jahre lang glaubte der Diplomat, wenigstens noch während regelmäßiger Strandspaziergänge mit seiner Ehefrau offen reden zu können. Doch dann hatten die Nordkoreaner plötzlich Informationen, die nur von diesen Spaziergängen am Meer stammen konnten. Es stellte sich heraus, dass der Mantel, den die Diplomatengattin während der Spaziergänge trug, verwanzt worden war.

Heute kommen mir die Abhörskandale aus dem Kalten Krieg schon fast wie aus einer fernen Vergangenheit vor. Nicht etwa, weil der Ost-West-Konflikt beendet worden und die Welt ein friedlicherer Ort geworden wäre. Auch nicht, weil das Misstrauen zwischen den Staaten geringer geworden wäre. Die alten Spionagegeschichten sind vielmehr deshalb ein Anachronismus, weil Sie heute im Internetzeitalter ständig und praktisch überall überwacht und abgehört werden können. Und das mit Methoden, die kaum Geld kosten und jedermann zugänglich sind. Sicherheit vor Spionage haben Sie auch im persönlichen Gespräch längst nicht mehr. Winzige Kameras und Wanzen lassen sich online für ein paar Dollar oder Euro ordern. Noch viel gravierender ist, wie leicht sich die Technik, die wir täglich nutzen, zu Spionagezwecken anzapfen lässt. Warum halten Diplomaten trotzdem aus voller Überzeugung am persönlichen Gespräch fest? Weshalb wird alles Wichtige persönlich besprochen, selbst wenn es für die Geheimhaltung nur mehr wenig zu bringen scheint? Nun, es gibt da etwas, das in der Diplomatie noch viel wichtiger ist als Geheimhaltung: das Vertrauen. Die Basis jeder gelungenen zwischenmenschlichen Beziehung ist Vertrauen. Spionage dagegen ist ja gerade ein Ausdruck eklatanten Misstrauens, das sich bis zu einer regelrechten Paranoia steigern kann. In Diktaturen, die auf Angst, Misstrauen und Überwachung gründen, stehen die eigenen Bürger und sämtliche Vertreter anderer Staaten unter einem Generalverdacht. In Demokratien und zwischen befreundeten Staaten, die gemeinsame Werte haben, herrscht dagegen ein bestimmtes Grundvertrauen. Es ist sowohl ein Grundvertrauen der Bürger in ihren Staat als auch der Vertreter des Staats in ihre Bürger. Und es ist ein Grundvertrauen zwischen den einzelnen Staaten. Dass es immer wieder einmal Schlagzeilen macht, wenn dieses Vertrauen missbraucht oder unterlaufen wird, beispielsweise weil ein US-amerikanischer Geheimdienst das Mobiltelefon der deutschen Bundeskanzlerin abgehört hat, ändert nichts an der Tragfähigkeit des Grundvertrauens im Alltag. In Europa ist beispielsweise das Schengener Abkommen, das den Bürgern aller Unterzeichnerstaaten eine umfassende Reisefreiheit unter weitgehendem Verzicht auf Grenzkontrollen garantiert, ein ganz praktischer Ausdruck eines Grundvertrauens zwischen den beteiligten Staaten. Auch die bereits erwähnte Tatsache, dass viele Botschaften den konsularischen Schutz für die Bürger befreundeter Staaten mit übernehmen, ist Ausdruck gewachsenen Vertrauens.

Vertrauen fällt jedoch weder vom Himmel noch ist sein Bestand für alle Ewigkeit garantiert, wo es einmal herrscht. Vertrauen will gepflegt werden. So wichtig es zwischen Staaten auch ist, sich auf gemeinsame Werte zu besinnen, Verträge und Abkommen zu schließen, so wenig wächst Vertrauen allein auf einer abstrakten Ebene. Eine Grundannahme der Psychologie lautet: Vertrauen entsteht durch Nähe. Auch in Politik und Diplomatie bleibt das Vertrauen auf Dauer nur stark, wenn es intensive und regelmäßige persönliche Begegnungen zwischen den Repräsentanten der Völker und Staaten gibt. Hier zeigt sich wieder einmal, dass die menschliche Ebene wichtiger ist als die Sachebene. Wer in der Sache wirklich weiterkommen will, muss den anderen Menschen als Menschen kennenlernen. Und das geht eben nicht allein in der schriftlichen Kommunikation oder über digitale Medien. Es braucht die persönliche Begegnung, um sein Gegenüber wirklich einschätzen zu können, Zwischentöne zu hören, Mimik und Gestik aufzunehmen und nicht zuletzt, um gemeinsam intensiv nachzudenken. Telefonate und E-Mails kennen keine Denkpausen. Diese gibt es nur im persönlichen Gespräch. Doch gerade diese vermeintliche Leere schafft einen Raum für spontane, neue Ideen.

Letztlich hat die Kraft persönlicher Begegnungen eine Komponente, die sich nicht rein rational erklären lässt; es ist etwas Einzigartiges, das sich am ehesten anhand der historisch zu nennenden Durchbrüche begreifen lässt, die es in Politik und Diplomatie immer wieder gegeben hat. Einen festen Platz in den Geschichtsbüchern hat beispielsweise die erste persönliche Begegnung des deutschen Bundeskanzlers Konrad Adenauer mit dem französischen Staatspräsidenten Charles de Gaulle. Als sich Adenauer an einem Sonntag des Jahres 1958 zum Landsitz des Franzosen in Colombey-les-Deux-Églises, einem Dorf in der Champagne, chauffieren ließ, nur begleitet von seinem Außenminister und einem Ministerialbeamten, galten Deutschland und Frankreich seit fast einem Jahrhundert als „Erbfeinde". Ein schrecklicher Ausdruck, dessen Realität sich heutige Jugendliche in Deutschland und Frankreich, die mit deutsch-französischem Fernsehen, zweisprachigen Gymnasien und gemeinsamen Armeebataillonen groß werden, nicht mehr vorstellen können. Doch damals war das Verhältnis der beiden Staaten aus mehr als einem Grund zerrüttet: der preußische Sieg über Frankreich 1871 und die anschließende Reichsgründung, ausgerechnet in Versailles proklamiert, zwei Weltkriege mit ihrem unfassbaren Grauen, der von den Deutschen als ungerecht empfundene Versailler Vertrag von 1919, die Besetzung Frankreichs durch die deutsche Wehrmacht 1940 und die anschließenden Nazi-Verbrechen auch auf französischem Boden – das sind nur die gravierendsten Geschehnisse. Da Deutschland fast immer der Aggressor gewesen war, hätte der Franzose Charles de Gaulle, ein ehemaliger Armeegeneral und Widerstandskämpfer gegen die deutsche Besatzung im Zweiten Weltkrieg, allen Grund gehabt, dem deutschen Kanzler äußerst reserviert zu begegnen. Doch als Adenauer vor der Tür des „La Boisserie" genannten Landhauses zögernd aus seinem schwarzen Mercedes stieg, ging de Gaulle einige Schritte auf ihn zu und begrüßte ihn auf Deutsch mit den Worten: „Guten Tag, Herr Bundeskanzler." In diesem Moment war das Eis gebrochen. Keine diplomatische Note und kein Telefongespräch hätte das vermocht. So herzlich, wie die Begrüßung ausfiel, blieb die ganze Gesprächsatmosphäre an diesem Sonntag auf dem Land. Charles de Gaulle und Konrad Adenauer begründeten eine deutsch-französische Freundschaft, die bereits fünf Jahre später im sogenannten Élysée-Vertrag über regelmäßige Beratungen beider Regierungen einen konkreten Ausdruck fand. Das entsprach ganz der persönlichen Mission de Gaulles, auf dessen Gedenkstein in Colombey-les-Deux-Églises heute dieses Zitat zu lesen ist: „Der einzig lohnende Kampf in unserer Zeit ist der um den Menschen; es ist der Mensch, den es zu retten, dem es das Leben zu geben, und den es zu entwickeln gilt."

Bundeskanzler Helmut Kohl und der französische Staatspräsident François Mitterrand knüpften in den 1980er-Jahren an das gute Verhältnis zwischen Konrad

Adenauer und Charles de Gaulle an, wie es vor ihnen schon Helmut Schmidt und Valéry Giscard d'Estaing getan hatten. Am 22. September 1984 betrat mit François Mitterrand erstmals ein französischer Staatspräsident einen deutschen Soldatenfriedhof. In Douaumont gedachten er und sein deutscher Kollege der Schlacht von Verdun, einer der unerbittlichsten des Ersten Weltkriegs mit rund einer halben Million Toten. Die beiden Staatsmänner Mitterrand und Kohl standen vor einem Beinhaus, in dem die sterblichen Überreste von rund 130.000 nie identifizierten Kriegstoten lagerten, und hörten einem über den Gräbern stehenden Trompetenspieler zu, der mit seinem Instrument die Totenklage anstimmte. Der deutsche Journalist Ulrich Wickert, damals ARD-Korrespondent in Frankreich, erinnerte sich 25 Jahre später noch genau an die Szene: „Jeden, der dabei war, überlief ein Schauer. Da haben die Gefühle auch den französischen Staatspräsidenten und den deutschen Kanzler übermannt. Plötzlich standen sie Hand in Hand." In der politisch polarisierten Stimmung der Achtzigerjahre – es war die Zeit der großen Friedensdemonstrationen und der Sitzblockaden vor den Toren militärischer Einrichtungen der NATO – kam diese Geste nicht überall gut an. Doch Ulrich Wickert ist überzeugt, dass sie spontan und zutiefst menschlich war und von dem Franzosen ausging: „[Ich fragte] Francois Mitterrand, wer von beiden die symbolische Geste initiiert habe. Mitterrand antwortete, er habe plötzlich das Bedürfnis gespürt, aus seiner Vereinsamung herauszutreten und mit einer Geste Helmut Kohl zu erreichen. Da habe er seine Hand ausgestreckt, und Kohl habe sie ergriffen. Helmut Kohl hat mir dies später bestätigt. Der deutsche Kanzler war erleichtert über die Geste Mitterrands." (*FAZ* vom 25.9.2009)

Persönliche Begegnungen haben immer wieder die Kraft, zum Zeichen der Hoffnung und des Aufbruchs zu werden. Wie schon der „Kniefall in Warschau" des deutschen

Bundeskanzlers Willy Brandt im Jahr 1970, so ermöglichte es auch der „Handschlag von Verdun", symbolisch eine dunkle Vergangenheit zu überwinden, ohne diese fortan zu verdrängen. Die in jüngster Zeit in der diplomatischen Welt viel beachtete gemeinsame Vermittlung von Bundeskanzlerin Angela Merkel und Staatspräsident François Hollande im Ukrainekonflikt wäre ohne das in Jahrzehnten durch persönliche Begegnungen deutscher und französischer Politiker gewachsene Vertrauen zwischen beiden Ländern wohl nicht denkbar.

Das Internet – Arbeitsmittel oder Lieblingsspielzeug am Arbeitsplatz?

Einer der weltweit angesehensten Informatiker und Internetexperten, der Yale-Professor David Gelernter, ist gleichzeitig einer der schärfsten Kritiker unseres heutigen Umgangs mit Computer und Internet. In einem viel beachteten Beitrag für die *Frankfurter Allgemeine Zeitung* schrieb Gelernter: „Das Internet ist wie ein neuer Computer, auf dem eine grellbunte, faszinierende Vorführung läuft – von der wir uns seit fünfzehn Jahren in Bann schlagen lassen. Es ist an der Zeit, sie abzuschalten und an die Arbeit zu gehen. Wir müssen das Internet dazu bringen, dass es das macht, was wir von ihm wollen." Bei anderer Gelegenheit äußerte der amerikanische Technik-Vordenker, er könne die Faszination so vieler Menschen an digitalen Medien nicht verstehen, da Computer ihn selbst meistens „nervten". Eine absichtliche Provokation, gewiss. Doch eine aus berufenem Munde, die uns nachdenklich stimmen sollte. Nimmt das Internet uns nur Arbeit ab oder arbeiten wir längst auch unfreiwillig für das Internet? Haben Social Media unsere zwischenmenschliche Kommunikation wirklich substanziell verbessert? Sind wir tatsächlich so universell „vernetzt“, wie oft behauptet wird, in dem Sinne, dass wir zu mehr Menschen als jemals zuvor in echtem persönlichen Kontakt stünden? Zweifel sind angebracht. Vor einiger Zeit besuchte ich ein „Social-Media-Seminar“ für Unternehmer und Selbstständige. Einige der Teilnehmer wirkten ziemlich aufgeregt. Es schien allgemeiner Konsens zu sein, dass die Kommunikation über Social Media heute ein absolutes Muss ist, und einige machten sich anscheinend Sorgen, ob sie vielleicht schon dabei waren, den Anschluss zu verlieren. Die Sorgenfalten vertieften sich zusehends, als die Trainerin und Social-Media-Expertin offenbarte, auf Xing und Facebook jeweils rund 7.000 Kontakte zu besitzen. Da fühlten sich wohl einige der Teilnehmenden schlagartig wie „Familie Feuerstein“ in der amerikanischen Zeichentrickserie: mitten in der modernen Welt und doch aus der Steinzeit! Vorsichtig wurde gefragt, wie man denn an über 5.000 Kontakte in Social Media kommt. Da gab uns die Trainerin ihren Tipp: Wir sollten uns jeden Abend hinsetzen und 15 Personen anschreiben mit der Bitte, dass sie uns ihrem Netzwerk hinzufügen. Wer das ein Jahr lang täglich mache, habe schon über 5.000 Kontakte zusammen – vorausgesetzt natürlich, alle Angeschriebenen sind mit der Verlinkung auch einverstanden. Je nachdem, wie oft man abblitzt, kann es auch zwei oder drei Jahre dauern, da heißt es dann eben Disziplin zu beweisen und dranzubleiben. Wie man alle diese Namen finde, wollte eine Teilnehmerin wissen. Darauf die Trainerin: „Einfach die Suchfunktion nutzen! Was ist Ihre Zielgruppe? Überlegen Sie sich, wen Sie als Kunden haben wollen, und dann suchen Sie nach Interessen oder nach Regionen.“ Am Ende stand die naheliegende Frage im Raum: Wozu der ganze Aufwand? Dazu meinte die Trainerin, man wolle ja doch ernst genommen werden. Und erst ab 3.000 Kontakten bei Facebook oder Xing werde man auf Social Media ernst genommen!

Aus diesem Seminar fuhr ich mit mehr Fragen als Antworten zum Thema digitale Netzwerke nach Hause. Ich brauche also Social Media, um der Welt meine Wichtigkeit zu beweisen? Mit diesem Gedanken konnte und wollte ich mich nicht anfreunden. Ich überlegte, was mir Social Media, seit ich sie nutze, gebracht hatten. Wunderbar fand ich etwa die Möglichkeit, Menschen wiederzufinden, die mir irgendwann in meiner Karriere einmal begegnet waren. Auch wusste ich es zu schätzen, mit Menschen in Kontakt zu bleiben, die auf der ganzen Welt verstreut lebten. Doch bei Licht betrachtet genügt für die Auffindbarkeit auch eine eigene Website mit den vollständigen Kontaktdaten, worüber heute so gut wie jeder Unternehmer und Selbstständige verfügt. Wer meinen Namen über Google sucht, der hat mit zwei Mausklicks meine aktuelle Adresse und Telefonnummer. Dazu muss niemand einem sozialen Netzwerk beitreten. Und wirklich in Kontakt zu bleiben, bedeutet für mich auch nicht, jemandem ab und zu einen letztlich belanglosen Kommentar unter sein „Posting" bei Facebook oder Xing zu schreiben, den der Betreffende dann mit „I like" markieren kann. Den Kontakt pflegen heißt für mich im Mindesten, von Zeit zu Zeit anzurufen. Noch besser ist es, wenn ich berufliche Termine nutzen kann, jemanden auf eine Tasse Kaffee zu treffen. Das sind dann die Kontakte, auf die ich mich nach Jahren noch verlassen kann. Ob einer von 7.000 Facebook-„Freunden" jemals einen Finger für mich rühren würde, ist dagegen ziemlich fraglich. Sicher, es ist praktisch, dass Xing mich an Geburtstage erinnern kann. Ein gut gepflegter und entsprechend eingestellter digitaler Kalender macht das jedoch auch. Es ist ja schon interessant, wie die digitalen Netzwerke versuchen, persönliche Kommunikation zu imitieren. Neben Geburtstagen erinnert mich Linkedin beispielsweise auch an bestimmte „Work-Anniversaries". Einmal habe ich daraufhin tatsächlich einem ehemaligen Kollegen zu seinem Dienstjubiläum gratuliert. An seine Antwort kann ich mich heute noch wörtlich erinnern: „I actually don't know which anniversary you mean but it's nice to hear from you."

Wie viel größer war meine Freude, als ein befreundeter Vorarlberger Unternehmer und Erfolgstrainer mich telefonisch zu seiner Buchvorstellung im Bregenzer Festspielhaus eingeladen hat, statt mir, wie wohl die meisten es heute getan hätten, eine E-Mail oder eine Event-Einladung via Xing zu schicken. Genauso freue ich mich über persönlich formulierte Karten zum Geburtstag oder zu Weihnachten. Sie sind für mich Ausdruck echter Wertschätzung. Ebenso selbstverständlich ist es beispielsweise für mich, nach Möglichkeit zu Beerdigungen zu reisen, wenn ich den Verstorbenen gut gekannt hatte, um den Angehörigen mein Beileid persönlich auszudrücken. Alles das ist eine Kontaktpflege, wie sie digitale Kommunikationsmittel nicht ersetzen können. Was mir jedoch am meisten auffiel, als ich überlegte, wie viel mir Social Media bisher gebracht hatten, war die dürftige Qualität der Informationen, die über digitale Netzwerke ausgetauscht werden. Facebook und Xing sind Zeitfresser, mit denen manche Selbstständige täglich einige Stunden zu verbringen scheinen. Doch wenn ich überlege, was ich auf Social Media erfahre, dann ist es in aller Regel das, was ich ohnehin schon weiß. Es ist ja paradox: Über die sogenannte Informationstechnik erhalten wir meistens die am wenigsten wertvollen Informationen. Die wichtigsten, vertraulichsten und exklusivsten Informationen habe ich während meiner diplomatischen Karriere jedenfalls stets in persönlichen Gesprächen erhalten. Und ich wage zu behaupten, dass es anderen Diplomaten ähnlich gehen wird. Die einzigen, die sich via digitale Technologie wirklich exzellent informieren, sind groteskerweise die Mitarbeiter der Geheimdienste und ihre Vorgesetzten. Doch erstens erlangen sie ihre Informationen auf ethisch höchst fragwürdige Weise, und zweitens bekommen selbst sie online nicht alles mit. Was ihnen vor allem entgeht, ist das Privileg, eine Information im wahrsten Sinn des Worts an*vertraut* zu bekommen. Dazu braucht es jenes Vertrauen, das nur in persönlichen Begegnungen wirklich wachsen kann.

Ganz ohne mich als Kommunikationsexpertin aus der Steinzeit zu fühlen, empfehle ich meinen Beratungskunden in den Unternehmen eine Digitaldiät. Jede gute Diät ist ja keine Nulldiät, sondern eine maßvollere und bewusstere Ernährung, die vor allem auf den Nährwert der einzelnen Nahrungsmittel achtet. Genau das empfehle ich auch im Umgang mit den neuen digitalen Medien: Machen Sie eine Bestandsaufnahme und fragen Sie sich, was Ihnen wirklich etwas nützt. Lassen Sie weg, was nur Zeit frisst und wenig bringt. Investieren Sie lieber mehr Zeit in die persönliche Kommunikation! Wenn jemand gerne mit dem Internet spielt, dann habe ich nichts dagegen, doch sollte er ehrlich zu sich selbst sein und sich nicht vorgaukeln, die Spielerei sei produktive Arbeitszeit. Beim Umgang mit dem Internet gilt für mich die Devise: Weniger ist mehr. Fragen Sie sich also ruhig ab und zu: In wie vielen digitalen sozialen Netzwerken will ich vertreten sein? Ich kann Sie nur ermutigen, hier Ihre eigenen Entscheidungen zu treffen und nach Möglichkeit alles zu kündigen, was Ihnen weder etwas bringt noch Freude macht. (Nebenbei: Nur eine Kündigung ist konsequent. Ein Online-Profil zu besitzen, aber nicht zu pflegen, ist Ballast für Sie selbst und macht nach außen keinen guten Eindruck.) Ich zum Beispiel bin bei Linkedin und Xing zu finden, kann aber sehr gut ohne Facebook und Twitter leben. Facebook habe ich vor nicht allzu langer Zeit gekündigt. Da mögen noch so viele Leute sagen, man müsse überall dabei sein, um dazuzugehören – mich beeindruckt das aus den genannten Gründen nicht.

Viel lieber verlasse ich mich auf meinen gesunden Menschenverstand und auf meine Intuition. Außerdem: Wer vermag heute schon zu sagen, welche Rolle Facebook in zehn, fünfzehn oder zwanzig Jahren noch spielen wird?

Myspace, vor rund zehn Jahren der große Renner unter den Social Media, ist heute schon fast in Vergessenheit geraten. Gleichzeitig glauben manche Unternehmen im deutschsprachigen Raum, mit ihrer Seite bei Facebook würden sie weltweit Flagge zeigen. Doch weit gefehlt. In China zum Beispiel bekleidet Facebook lediglich Platz 100 der beliebtesten Websites. Die chinesischen Entsprechungen zu Facebook heißen Renren, Kaixin und Qzone. Allein Qzone hatte 2014 bereits über 600 Millionen registrierte Mitglieder. Chinas Twitter heißt übrigens Weibo und auch Youtube hat ein chinesisches Pendant namens Youku. Glaubt man dem Experten David Gelernter, so steckt das Internet nach wie vor in den Kinderschuhen. Es sei noch viel mehr Spiel und Experiment als echte Entlastung für den Menschen. Deshalb fordert Gelernter, wir müssten das Internet erst noch zu einem brauchbaren Werkzeug machen, das uns Arbeit abnimmt und wirklich mehr Freiheit beschert. Wir dürfen gespannt sein auf die Weiterentwicklung der digitalen Technologien, die sich eines Tages vielleicht wirklich so selbstverständlich in den Alltag integrieren, dass sie uns mehr Zeit für das schenken, was uns im Leben wirklich wichtig ist und weiterbringt. Das wäre in meinen Augen ein echter Fortschritt.

Heute hier, morgen dort? Das rechte Maß an persönlicher Kommunikation

Es gibt Topmanager, die zwar ein repräsentatives Büro besitzen, dort aber so gut wie nie anzutreffen sind. Sie sind ständig unterwegs – zu ihren Kunden, zu Meetings mit Partnern oder zu Konferenzen. Machen diese Manager alles richtig, weil sie ganz auf persönliche Kommunikation setzen? In meinen Augen nicht notwendigerweise. Erstens, weil auch die Mitarbeiter im Haus ein Recht auf persönliche Kommunikation haben. Und zweitens, weil bei aller Reisefreude des Managements selbstverständlich der Gesichtspunkt der Effizienz zu bedenken ist. Wenn ein Vorgesetzter fast nie im Haus ist, bekommen die Mitarbeiter im Office schnell das Gefühl, dass Kunden grundsätzlich wichtiger sind als sie. Die Unternehmen der Zukunft – und bereits viele der erfolgreichen Unternehmen von heute – stellen jedoch ihre Mitarbeiter ebenso in den Mittelpunkt wie ihre Kunden. Erfolg ist für sie das Ergebnis sowohl zufriedener Mitarbeiter als auch zufriedener Kunden. Doch wie finden Führungskräfte das richtige Maß an persönlicher Kommunikation nach innen wie nach außen? Nach meiner Überzeugung hilft eine einfache Faustregel: Persönliche Kommunikation sollte eine Basis dafür schaffen, dass Dinge in Gang kommen. So sollten Mitarbeiter nach einem intensiven Austausch mit dem Vorgesetzten erst einmal wieder eine Weile beschäftigt sein. Die Kommunikation kann dann in der nächsten Zeit auch über E-Mails erfolgen, ergänzt durch kurze Telefonate. Das Gleiche gilt in der Kommunikation mit Kunden oder Lieferanten: Ein intensives persönliches Gespräch sollte stets die Basis für die Zusammenarbeit der nächsten Zeit schaffen und idealerweise bestimmte Ziele oder Meilensteine fixieren. Zur Abstimmung zwischendurch sind persönliche Treffen dann selten nötig. Nach einer gewissen Zeit kann es ratsam sein, den persönlichen Kontakt aufzufrischen. Wie viel Zeit angemessen ist, hängt vom konkreten Fall ab. Ganz sicher ist es richtig, den persönlichen Kontakt zu suchen, wenn es zu einem schwerwiegenden Konflikt oder zu einer Krise in der Zusammenarbeit kommt. Krisenmanagement funktioniert so gut wie nie schriftlich, es braucht im Mindesten ein Telefonat, am besten ein persönliches Treffen.

Mit diesen einfachen Maximen bin ich selbst immer gut gefahren. So habe ich zum Beispiel vor nicht allzu langer Zeit eine recht umständliche Reise von meinem

Wohnort in Liechtenstein in die deutsche Provinz auf mich genommen, um die Mitarbeiter einer PR-Agentur, mit der ich im Marketing zusammenarbeiten wollte, persönlich kennenzulernen. Diese Reise hat sich gelohnt, denn die Zusammenarbeit lief anschließend völlig reibungslos. Da ich meine Ansprechpartnerin dort persönlich kenne, kann ich mich nicht nur darauf einstellen, was sie von mir an Input braucht, sondern weiß auch ihren schriftlichen Kommunikationsstil richtig zu deuten. Viele Missverständnisse und Irritationen entstehen ja dadurch, dass wir von Menschen, die wir nur per E-Mail oder maximal vom Telefon „kennen", ein unvollständiges Bild haben und deshalb ihre Aussagen manchmal falsch interpretieren. Es gibt sehr herzliche Menschen, die einen extrem knappen schriftlichen Kommunikationsstil haben. Dieser Stil lässt nicht auf mangelnde Wertschätzung schließen, sondern ist einfach der persönlichen Eigenart geschuldet. Manche sind eben ausgeprägt „mündliche" Menschen und drücken sich per E-Mail etwas ungeschickt aus, ohne dass sie es selbst merken. Wenn ich einen Menschen persönlich kenne, kann ich so etwas richtig einordnen. Bei Dienstleistern wie der besagten Agentur genügt es mir, wenn ich die Menschen einmal persönlich getroffen habe. Dann kann die Zusammenarbeit über Jahre per E-Mail und Telefon gut funktionieren.

Auch nutze ich gerne neue technische Möglichkeiten, wie Skype oder Face-Time, wenn das einen Austausch über die Distanz ermöglicht, der sonst nicht möglich wäre. Digitaldiät bedeutet eben nicht Digitalverweigerung! Allerdings ist es mir wichtig, eine Führungskraft, die ich über Skype coache, vorher persönlich kennengelernt zu haben. Andernfalls ist das Risiko von Missverständnissen und Fehlinterpretationen bei der Kommunikation über solche Medien viel zu groß. Bei Videokonferenzen mit mehreren Personen bin ich noch skeptischer. Ich habe bei einem internationalen Konzern mehrmals Videokonferenzen mit einem hoch professionellen „Telepresence"-System von Cisco miterlebt und war schon beeindruckt von dieser Technik. Man sitzt in einem eigens dafür präparierten Konferenzraum, und die im lebensgroßen Bild zugeschalteten Teilnehmer wirken, als säßen sie mit am Tisch. Dennoch fiel mir nach einer Weile zweierlei auf: Erstens lässt auch die fast perfekte Illusion nie vergessen, dass zwischen den Menschen immer noch Technik ist. Denken Sie nur einmal an den Unterschied zwischen einem Film im Kino und einem Theaterstück, das Sie live erleben. Wenn ein Schauspieler direkt vor Ihnen steht und das Geschehen im Hier und Jetzt zur Entfaltung kommt, hat das eine viel intensivere Präsenz als ein Film. Bei einer Live-Aufführung sind Sie auch nicht auf eine Kameraperspektive angewiesen, sondern können Ihren Blick selbst schweifen lassen. So ähnlich ist es auch bei Konferenzen. Sind die Personen tatsächlich im Raum, entgeht dem aufmerksamen Auge kein Detail, während die Kamera eines Videokonferenz-Systems die Teilnehmer doch recht glatt und künstlich ins Bild setzt. Zweitens ist mir aufgefallen, dass sich Teilnehmende in Videokonferenzen leichter „verstecken" können, als wenn sie wirklich im Raum wären. In nicht wenigen Videokonferenzen sah man zwar das Bild eines Teilnehmers, doch er sagte die ganze Zeit nichts. Er hätte auch ein Standbild einblenden und zwischendurch spazieren gehen können. In realen Konferenzen ist so etwas kaum denkbar. Man sucht den Blickkontakt zu allen Teilnehmenden und spricht Teilnehmer direkt an, die sich längere Zeit nicht geäußert haben.

Ich bin nicht grundsätzlich gegen Videokonferenzen als sinnvolle Ergänzung der Kommunikation, zumal die entsprechenden Systeme zwar immer noch teuer, aber nicht mehr so astronomisch teuer sind wie noch vor einigen Jahren. Die persönliche Kommunikation können Videokonferenzen jedoch nicht ersetzen. Es ist im Management wichtig, sich von Zeit zu Zeit zu treffen und das Wesentliche zu besprechen. Nur so erlebt man die volle Bandbreite der Kommunikation, nur so festigt sich echtes Vertrauen und nur so können heikle Punkte auch ungefiltert angesprochen werden. Eine ganz andere Frage ist, ob sich sämtliche Topmanager eines Weltunternehmens in Las Vegas treffen müssen, um dort in Fünf-Sterne-Hotels zu wohnen und nach Möglichkeit noch einen Ausflug mit dem Hubschrauber zum Grand Canyon zu machen. Da braucht sich jedenfalls niemand zu wundern, wenn das bei den Mitarbeitern nicht gut ankommt. Auch für persönliche Kommunikation gilt das Prinzip der Effizienz. Führungskräfte verlangen von ihren Mitarbeitern in kleinen Dingen schließlich ebenfalls Effizienz. Was heißt es für eine Unternehmenskultur, wenn der Chef alle paar Wochen zu Konferenzen mit Heißluft-Vorträgen und anschließenden Trinkgelagen jettet, und dann zu Hause Mitarbeiter rügt, die eine Versandtasche mit Papprücken verwenden, wo eine ohne Karton gereicht hätte? Und was nützt eine Reise des CEO zu sämtlichen Auslandsniederlassungen, wenn er dort nicht zuhört und mit niemandem ins Gespräch kommt? Sondern monologisiert und floskelhafte Huldigungen seitens der Mitarbeiter entgegennimmt. Auch so etwas habe ich leider schon erlebt.

Wichtig bei der persönlichen Kommunikation ist immer der vertiefte Austausch: sich kennenlernen (oder besser kennenlernen) und Informationen austauschen, die Sie in dieser Form schriftlich nicht austauschen könnten oder wollten. Ich kann allen Führungskräften der Wirtschaft nur raten, von der Diplomatie zu lernen: Bereiten Sie selbst zwanglose Treffen, etwa Partys oder Firmenjubiläen, gut vor: Was sind Ihre Ziele? Wen möchten Sie sprechen und über was möchten Sie reden? Welche Chancen sehen Sie für sich bei diesem Anlass? Nach dem Treffen fertigen Sie am besten ein kurzes Gedächtnisprotokoll an. Auch eine Party ist kein Privatvergnügen, solange Sie in Ihrer beruflichen

Rolle dort erscheinen. Für Diplomaten ist das völlig selbstverständlich – und für Manager sollte es das auch sein.

Wenn Sie Ihre persönliche Kommunikation nicht dem Zufall überlassen wollen, dann empfehle ich, sich einmal einen kompletten Tag zu reservieren, um eine Bestandsaufnahme zu machen und Ihre Ziele genau zu definieren. Das ist gut investierte Zeit. Fragen Sie sich: Was ist für mich die wichtigste Kommunikation? Wie viel persönlichen Kontakt brauche ich? Was ist „must have" und was ist „nice to have"? Also nicht: In Hanoi war ich noch nie und da ist doch demnächst dieser Kongress ... Sondern: Wen sollte ich unbedingt einmal persönlich kennenlernen? Mit wem ist der Kontakt nicht mehr so intensiv, wie es eigentlich wünschenswert wäre? Und wie lassen sich persönliche Treffen mit diesen Personen am effizientesten einplanen? Am besten definieren Sie zu allen ihren wichtigen Kontakten klare Ziele: Was ist zwischen Ihnen und dieser Person wichtig und wie viel persönliche Kommunikation müssen Sie dazu investieren? Das alles hängt natürlich stark von Ihrer momentanen Situation ab. Wenn Sie zum Beispiel gerade eine neue Firmenzentrale bauen wollen oder ein neues Zentrallager planen, dann sollten Sie den persönlichen Kontakt zu Politik und Verwaltung vor Ort intensivieren, um keine bösen Überraschungen zu erleben. Nach der Eröffnung dieser Neubauten sind diese Kontakte dann erst einmal nicht mehr so wichtig. Wenn Sie dann für Ihr neues Lager viele Leute auf einmal einstellen, sollten Sie vielleicht auf ein gutes Verhältnis zu den Gewerkschaftern achten. Wenn man lange genug sucht, lässt sich wohl immer irgendeine Arbeitsvorschrift finden, die angeblich nicht eingehalten wurde. Doch wo die Vertreter von Arbeitgebern und Arbeitnehmern eine gute persönliche Kommunikation pflegen, da wird daraus so schnell kein Skandal.

Mein abschließender Rat zu diesem Thema lautet, für sich selbst einige klare Regeln zu definieren: Was mache ich schriftlich, wann rufe ich an und unter welchen Bedingungen suche ich das persönliche Gespräch? Für mich haben sich über die Jahre einige verlässliche Regeln ergeben, die ich gern mit Ihnen teilen möchte – weniger als Anleitungen, sondern mehr als Inspiration für eigene Überlegungen. So hilft mir die schriftliche Kommunikation immer sehr gut dabei, eigene Gedanken zu ordnen. Was ich aufschreibe, das habe ich zunächst einmal für mich selbst geklärt, bevor ich es an eine andere Person weitergebe. Daher gebe ich zum Beispiel strukturiertes Feedback am liebsten schriftlich. Die E-Mail ist heute oft der schnellste Kommunikationskanal, da Sie immer weniger Menschen spontan ans Telefon bekommen. Was ich per Mail verschickt habe, ist außerdem vom Tisch und belastet mich nicht mehr. Per E-Mail tausche ich zudem gerne Informationen aus, die ich archivieren möchte, um sie später nach Stichworten durchsuchen zu können. Digitale Gesprächsnotizen im Nachgang zu Telefonaten oder persönlichen Treffen lassen sich natürlich ebenso archivieren, kosten aber zusätzlich Zeit, sie zu erstellen. Oft ist ein Telefonat schneller als eine E-Mail. Das hängt ganz von der Erreichbarkeit des Gesprächspartners und vom Umfang des Abstimmungsbedarfs ab. Ich kenne Unternehmen, da wird mehr als ein Dutzend Mal hin- und hergemailt, um einen Termin abzustimmen, statt einmal zu telefonieren und dabei gemeinsam in die Kalender zu schauen. Da hört die E-Mail definitiv auf, effizient zu sein. Ein Telefongespräch – womit ich auch Skype und dergleichen meine – ist für mich häufig eine goldene Mitte zwischen abstrakter schriftlicher Kommunikation und einer persönlichen Begegnung. Wir hören am Telefon eine Menge Zwischentöne und können vor allem auch heikle Punkte vorsichtig ansprechen, was in der schriftlichen Kommunikation immer schwierig ist. Bei Irritationen oder drohenden Missverständnissen würde ich immer zum Telefonhörer greifen, statt eine E-Mail zu verfassen, die so gut wie nie zu einer Klärung führt. Nicht von ungefähr gab es während des Kalten Krieges das berühmte „Rote Telefon". Es kam übrigens tatsächlich hin und wieder zum Einsatz: Als zum Beispiel am 26. September 1983 die sowjetische Raketenabwehr fälschlich einen Angriff von US-Interkontinentalraketen auf Russland meldete, schuf der „heiße Draht" sofort Klarheit.

Persönliche Begegnungen sind für mich, wie bereits beschrieben, die unverzichtbare Grundlage, um anschließend alle anderen Kommunikationsmöglichkeiten geschickt nutzen zu können. Im Internetzeitalter wird das persönliche Kennenlernen nicht etwa unwichtiger, sondern wichtiger, da sonst eine Schein-Vertrautheit entsteht, die gefährlich werden kann. Vielleicht kennen Sie diese absurd-komischen Geschichten von Heiratswilligen, die sich im Chat bei einer Online-Partnerbörse angeblich schon „verliebt" hatten, und dann beim ersten Treffen enttäuscht feststellten, dass sie doch nichts miteinander anfangen können. Auch im Business ist es wichtig zu wissen, mit wem wir es wirklich zu tun haben. Ob die „Chemie" stimmt, lässt sich über das Internet nicht herausfinden. Neben der Besprechung sehr heikler Themen sind auch kreative Prozesse etwas, das für mich am besten in der persönlichen Kommunikation gelingt. Ein kreatives Brainstorming kann ich mir nur mit Menschen in einem Raum, nicht aber über eine Videokonferenz vorstellen.

Manchmal ergeben sich schließlich große Chancen durch neue Ansprechpartner. So geriet der festgefahrene Konflikt zwischen den USA und dem Iran über das iranische Atomprogramm zumindest neu in Bewegung, als US-Außenminister John Kerry auf seinen neuen iranischen Amtskollegen Mohammed Dschawad Sarif traf. Sarif, im Sommer 2013 zum Außenminister ernannt, gilt als untypischer Vertreter des islamischen Regimes im Iran. Er stammt aus einer alten und wohlhabenden Teheraner Kaufmannsfamilie, zog mit 17 Jahren in die USA, besuchte in San Francisco die Schule und studierte dann Politikwissenschaft und Internationales Recht zunächst an der San Francisco State University und später der University of Denver, wo er dann promovierte. Diese Vertrautheit mit dem westlichen Denken und dem American Way of Life ermöglichte Mohammed Dschawad Sarif offensichtlich eine gute Kommunikation mit John Kerry, bei der auch heikle Punkte noch einmal neu diskutiert werden konnten.

KAPITEL 8

Ehrenrettung: Den Gegner das Gesicht wahren lassen heißt zukünftige Partner gewinnen

Nelson Mandela (1918–2013), der Friedensnobelpreisträger und erste schwarze Präsident Südafrikas, wird bis heute dafür bewundert, wie er es nach dem Ende der Apartheid schaffte, die ehemaligen weißen Unterdrücker zu seinen Partnern zu machen. In seiner Autobiografie verrät er sein Erfolgsgeheimnis: „Wenn du deinen größten Triumph feierst, lasse die größte Güte walten. Demütige deinen Gegner unter keinen Umständen. Erlaube ihm, sein Gesicht zu wahren. Erst dann hast du deinen Feind zu deinem Freund gemacht."

Für die Diplomatie ist der politische Machtwechsel Alltag. Diplomaten vertreten nicht nur im Lauf ihrer Karriere die Politik unterschiedlicher Regierungen, sondern erleben auch auf ihren Posten im Ausland immer wieder andere Machthaber. Politiker werden gewählt und wieder abgewählt. Diktatoren ergreifen die Macht, werden gestürzt und kommen vielleicht doch noch einmal an die Macht, wie bereits Napoleon Bonaparte. Der verfolgte Oppositionelle von heute kann der Staatspräsident von morgen sein: Nelson Mandela, Václav Havel und Lech Wałęsa sind nur drei der prominentesten Beispiele. Ein anderer Fall ist der von Aleksander Kwasniewski, der einst Minister in der Regierung der Volksrepublik Polen war und nach dem Ende der kommunistischen Diktatur als demokratisch gewählter Staatspräsident zurück an die Macht kam. Diplomaten wissen, dass die politischen Machtverhältnisse so wechselhaft sind wie das Wetter. Wenn wir hier bei uns in den Bergen eine Wanderung machen wollen, wappnen wir uns gegen wechselhaftes Wetter, indem wir etwa einen warmen Pullover und eine Regenjacke in den Rucksack packen, selbst wenn gerade von einem wolkenlosen Himmel die Sonne scheint. Diplomaten wappnen sich gegen wechselhafte politische Verhältnisse, indem sie sich überall Türen offenhalten und es sich mit niemandem verderben, der zurzeit in der Opposition ist. Nun hat allerdings gerade diese kluge Einstellung uns Diplomaten einen zwielichtigen Ruf eingebracht. Sie wurde über die Jahrhunderte immer wieder als prinzipienloser Opportunismus und Mangel an Rückgrat missverstanden. Der französische Staatsmann Charles Maurice de Talleyrand spottete bereits Anfang des 19. Jahrhunderts: „Ein Diplomat der ‚ja' sagt, meint ‚vielleicht', der ‚vielleicht' sagt, meint ‚nein' und der, der ‚nein' sagt, ist kein Diplomat." In Wahrheit ist es überhaupt nicht prinzipienlos, mit allen Menschen ein gutes Einvernehmen anzustreben und auch den Verlierer sein Gesicht wahren zu lassen. Das dahinter stehende Prinzip lautet: „Leben und leben lassen." Dieses Prinzip, das nicht aus der Diplomatie stammt, jedoch im diplomatischen Alltag de facto gelebt wird, hilft meiner Meinung nach wie kaum ein anderes, mit den Herausforderungen der globalisierten Welt umzugehen.

Wie weit die Globalisierung im Alltag bereits fortgeschritten ist, hat der Zukunftsforscher Matthias Horx einmal anhand eines profanen elektrischen Toasters veranschaulicht. Vorausgegangen war ein Experiment des Briten Thomas Thwaites, Kommunikationsdesigner am Royal College of Art in London, der ein halbes Jahr lang versucht hatte, mit „in der Region" erhältlichen Rohstoffen einen handelsüblichen Toaster nachzubauen. Vergeblich. Bereits dieses anspruchslose Produkt, das Elektromärkte schon für unter 20 Euro anbieten, besteht in der billigsten Version aus rund 200 Komponenten. Diese stammen aus der ganzen Welt und werden mit Rohstoffen gefertigt, die rund um den Globus gefördert werden. Im Raum London gibt es weder Erdöl noch Kupfer und Nickel, was man für einen 20-Euro-Toaster jedoch alles benötigt. Auch fand Thwaites in England keine Rohstoffe, um „Mica" herstellen zu können, ein asbestähnliches Material, mit dem die Heizdrähte eines Toasters umwickelt sind. Matthias Horx zieht das Resümee: „Ein Toaster, so einfach er auch sein mag, ist Ergebnis eines gigantischen Verknüpfungsprozesses [...] Dabei treffen viele, viele Menschen aufeinander, die in arbeitsteiligen Funktionen jeweils das, was sie am besten können und worüber sie verfügen, miteinander austauschen, optimieren und koordinieren." Wer in London einen Toaster kauft, macht sich wohl kaum bewusst, auf wie viele Partner der Hersteller bereits heute angewiesen ist, um ein solches Produkt auf den Markt zu bringen. Noch unübersichtlicher sind die Verflechtungen bei wirklichen High-Tech-Produkten wie etwa einem Smartphone. Kauft ein Deutscher in Hamburg ein iPhone, sollte er vielleicht wissen, dass es Chinesen für extrem niedrige Löhne mit den bloßen Händen zusammengebaut haben, während eine Firma in Kalifornien Milliarden daran verdient. Tatsache ist gleichzeitig, dass das in jedem Mobiltelefon verwendete seltene Metall Tantal ohne ein bestimmtes Erz nicht zu produzieren wäre, dessen Förderung in der zentralafrikanischen Republik Kongo die kriegerischen Konflikte neu anheizt, bei denen bereits mehrere Millionen Menschen starben. Tatsache ist jedoch genauso, dass deutsche Zulieferfirmen im Jahr 2014 nach Angaben von Apple mehr als zwei Milliarden Euro an den Produkten mit dem Apfel-Logo verdient haben. Apple-CEO Tim Cook besuchte 2015 sogar persönlich einen mittelständischen Glashersteller in Süddeutschland, den er für den besten der Welt hält. Wer in Hamburg ein iPhone oder ein anderes Apple-Produkt kauft, stützt also auch seine heimische Wirtschaft in erheblichem Umfang, selbst wenn die Montage der Produkte unter fragwürdigen Umständen in Asien stattfindet. Ist es also gut oder schlecht, als Deutscher ein iPhone zu kaufen? Oder lässt sich solch eine Frage überhaupt nicht mehr beantworten, weil in einer global vollständig verflochtenen Welt alles gleichzeitig positive und negative Konsequenzen zu haben scheint?

Bei den Demonstrationen der sogenannten Globalisierungsgegner scheinen die Rollen jedenfalls stets eindeutig verteilt: Gut und Böse sind ganz einfach zu erkennen, und offenbar müssen wir nur dieses oder jenes Unternehmen boykottieren, dann wird alles gut. Doch ist die Welt wirklich so einfach? Ein schlichtes Weltbild in Schwarz-weiß haben auf ihre Weise ja auch die Dschihadisten, vor deren Fanatismus wir zurecht erschaudern. Radikalisierung lässt sich auch als eine Form der Flucht vor Konflikten verstehen, für die es keine einfache Lösung mehr gibt. Dabei gebe ich offen zu: Bei aller Erfahrung in der Diplomatie macht auch mich die Welt manchmal ratlos. Einer meiner Chefs im österreichischen Außenministerium sagte mir immer am Ende unserer Diskussionen um große weltpolitische oder wirtschaftliche Themen und Katastrophen: „Weißt du, ich lebe mein eigenes kleines Leben. Mehr kann ich nicht machen." Ich habe das damals mit meinem jugendlichen Idealismus nie so recht verstanden. Heute weiß ich genau, was er damit meinte.

Meistens können wir die Welt nicht ändern, doch was wir stets ändern können, ist unsere eigene Einstellung. Wenn wir alle daran arbeiten, eine Haltung des Respekts und der Achtsamkeit gegenüber anderen Menschen und der Natur zu entwickeln, dann wird sich gewiss irgendwann auch die Welt verändern! Wir können die Globalisierung nicht mehr aufhalten, aber wir haben die Wahl, welche Perspektive wir einnehmen. Sehen wir einen weltweiten Kampf um Ressourcen, Lebenschancen und Wohlstand auf uns zukommen? Befürchten wir einen *Clash of Civilizations*, wie ihn der US-amerikanische Politikwissenschaftler Samuel Huntington heraufbeschworen hat? Oder legen wir eine Grundhaltung des Wohlwollens und des Optimismus an den Tag, die jedem Menschen auf dieser Welt die Möglichkeit zugesteht, sich zu verändern und sich zu entwickeln? Sind wir offen für den Gedanken, dass diejenigen, die heute noch unseren Städten mit Anschlägen drohen, morgen unsere Freunde und Partner sein könnten? Ich bin der festen Überzeugung, dass wir mit einer Grundhaltung des Wohlwollens und dem Prinzip „Leben und leben lassen" in der Wirtschaft und der Politik der Zukunft viele kleine Fortschritte erzielen können, die sich dann – hoffentlich – zu einem großen Sprung summieren. Und ich bin nicht nur überzeugt, sondern weiß, dass Unternehmer und Manager bereits heute unzählige neue Chancen vorfinden, wenn sie selbst in ihren erbittertsten Konkurrenten immer auch mögliche Kooperationspartner erblicken. Der Businesskrieg endet zuerst in den Köpfen und erst dann auf den Märkten.

Vorbei ist vorbei: Wie Sie die Feinde von gestern zu Fans machen

Es sind beeindruckende Filmszenen, die ich Teilnehmern meiner Seminare bereits oft vorgeführt habe: Der amerikanische Spielfilm „Invictus“ zeigt die Erfahrungen Nelson Mandelas als neugewählter Staatspräsident Südafrikas im Pretoria des Jahres 1994. Regisseur Clint Eastwood inszenierte den Film mit Morgan Freeman in der Hauptrolle nach dem Sachbuch *Playing the Enemy* des britischen Journalisten John Carlin, der übrigens Sohn eines Diplomaten ist. Der Zeitzeuge und langjährige Mandela-Berater Don Beck stufte den Film als „realitätsgetreu“ ein. Als sich Mandela alias Morgan Freeman am Morgen seines ersten Arbeitstags durch lange Flure zu seinem Amtszimmer begibt, begleitet von zwei Leibwächtern aus der schwarzen Befreiungsorganisation ANC, läuft er an lauter weißen Angestellten vorbei, die ihre Sachen hektisch in Umzugskisten packen. Die ehemaligen Repräsentanten des Regimes der Apartheid scheinen überzeugt zu sein, dass der erste schwarze Präsident Südafrikas nicht mit ihnen zusammenarbeiten wird. Offensichtlich versuchen sie, ihrem Hinauswurf zuvorzukommen, indem sie freiwillig gehen. Mandela begrüßt alle Weißen, denen er begegnet, überaus freundlich, obwohl diese ihn keines Blickes würdigen. (Korrekt wäre es ja, wenn die Mitarbeiter den Präsidenten grüßten, statt umgekehrt.) In seinem Amtszimmer angekommen, überlegt Mandela kurz und lässt dann sämtliche Mitarbeiter, die noch nicht gegangen sind, zu einer Versammlung zu sich rufen. Sie sollen sofort kommen! Ein weißer Mitarbeiter kommentiert dies gegenüber einem Kollegen leise mit den Worten: „Er will die Genugtuung, uns persönlich zu feuern.“ Als alle Mitarbeiter versammelt sind – bis auf die Leibwächter, die draußen bleiben müssen, weil es keine Waffen im Raum geben soll –, wünscht Mandela ihnen zunächst auf Afrikaans einen guten

Morgen. Es ist die bei der schwarzen Bevölkerung verhasste Sprache der ehemaligen weißen Machthaber, die kein Schwarzer freiwillig spricht. Dann stellt er diejenigen, die bis zum gestrigen Tag für die Regierung der Apartheid gearbeitet haben, vor eine klare Alternative: „Das ist gar keine Frage", sagt der Präsident, „wenn Sie gehen möchten, ist das Ihr Recht. Und wenn Sie davon überzeugt sind, dass Sie mit Ihrer neuen Regierung nicht zusammenarbeiten können, ist es besser, wenn Sie gehen würden. Auf der Stelle. Wenn Sie aber packen, weil Sie fürchten, dass entweder Ihre Sprache oder Ihre Hautfarbe oder Ihr vorheriger Arbeitgeber Sie für die Arbeit hier disqualifiziert, dann möchte ich Ihnen sagen: Haben Sie keine Furcht!" Danach erklärt Mandela, wiederum auf Afrikaans: „Was vorbei ist, das ist vorbei." Und der neue Präsident ergänzt: „Wir blicken jetzt in die Zukunft. Wir brauchen Ihre Hilfe. Wir wünschen Ihre Hilfe. Wenn Sie sich dazu entscheiden hierzubleiben, erweisen Sie Ihrem Land einen großen Dienst." Am Ende der kurzen Ansprache schweigen die weißen Mitarbeiter. Sie schweigen und nicken. Sie werden bleiben.

Nelson Mandela hat bei seinem Amtsantritt als erster schwarzer Präsident Südafrikas geradezu exemplarisch vorgelebt, was es heißt, den Gegner sein Gesicht wahren zu lassen, um ihn als zukünftigen Partner zu gewinnen. So wie das Buch von John Carlin und der darauf basierende Film es zeigen, verhält er sich dabei ausgesprochen diplomatisch. Mandela legt sowohl eine idealistische als auch eine opportunistische Seite an den Tag. Er folgt seinen Werten und denkt gleichzeitig pragmatisch. Seine Mission ist die Versöhnung und seine Vision ist die „Regenbogennation", in der alle ethnischen Gruppen friedlich zusammenleben. Diesen Werten und Idealen folgt Mandela, indem er auf jede Form von zur Schau gestelltem Triumph oder gar von Rache verzichtet. Seine Feinde von gestern, die in den ersten freien Wahlen des Landes erdrutschartig abgewählt wurden, demütigt er nicht, sondern nähert sich ihnen selbst beinahe demütig. Statt Respekt einzufordern, geht er auf die Weißen zu, begrüßt sie freundlich, fragt, wie es geht. Mandela geht in Vorleistung: Er schenkt denen Vertrauen, die ihm misstrauen. Das schafft die Basis für sein klares Angebot: Wer gehen will, weil er die Ziele der neuen Regierung ablehnt, der soll gehen. Doch wer nur gehen will, weil er Angst vor Mobbing seitens der neuen Machthaber hat, der soll bleiben. Mandela bittet die Mitarbeiter ausdrücklich darum. Da ist er ganz opportunistisch und pragmatisch. Seine Partei, der ANC, ist eine ehemalige illegale Oppositionsbewegung ohne jede Erfahrung in Regierungsgeschäften und frisch auf der internationalen Bühne. Die neue Regierung muss jedoch schleunigst das Vertrauen der westlichen Industrieländer und der internationalen Unternehmen gewinnen, die in Südafrika hohe Investitionen getätigt haben. Mandela will auf die Kooperation mit seinen ehemaligen Gegnern nicht verzichten, aber er *kann* auch schwer darauf verzichten.

In der Wirtschaft müssen wir nicht lange suchen, um auf Situationen zu stoßen, die durchaus vergleichbar sind. Von Fusionen und Übernahmen war an anderer Stelle in diesem Buch bereits die Rede. Gar nicht selten entstehen dabei Situationen, die politischen Machtwechseln durchaus ähnlich sind. Da gibt es zum Beispiel in einer Branche zwei jahrelang konkurrierende Unternehmen, das eine viel größer und umsatzstärker als das andere. Das große Unternehmen besitzt Marktmacht und hat eine enorme Kapitalausstattung. Es beherrscht den Massenmarkt, gibt viel Geld für Marketing und Vertrieb aus und bietet günstige Preise. Das kleinere Unternehmen macht weniger Gewinn, hat weniger Geldreserven und verkauft seine Produkte deutlich teurer. Allerdings ist das kleinere Unternehmen vielleicht auch innovativer, bietet attraktivere Produkte oder höhere Qualität. Viele Kunden entscheiden sich bewusst für die Produkte des kleineren Unternehmens, weil sie sich damit identifizieren. Die meisten Mitarbeiter sind stolz, hier zu arbeiten und nicht bei dem „großen“ Konkurrenten. Viele Kunden und Mitarbeiter grenzen sich sogar bewusst ab: Nie würden sie ein Produkt bei der Konkurrenz kaufen oder dort arbeiten wollen. Auch in den Medien hat das kleine Unternehmen das bessere Image als das große. Doch eines Tages machen die Gesetze des Marktes der Konkurrenzsituation ein Ende: Das große Unternehmen kauft das kleine, weil es gut ins Portfolio passt, weil es sich eine Aufwertung des eigenen Images erhofft oder vielleicht auch, weil sich bei dem kleineren Unternehmen interessantes Know-how findet. Für die Eigentümer des kleineren Unternehmens macht gleichzeitig der Verkauf wirtschaftlich Sinn. Einige bekannte Beispiele, auf welche diese Beschreibung zumindest in Teilen zutrifft, sind schnell aufgezählt: Dr. Oetker und Bionade, Volkswagen und Porsche, Otto und Manufactum, Lufthansa und Swiss. Doch auch bei mittelständischen Unternehmen, die in der breiten Öffentlichkeit wenig bekannt sind, hat es eine solche Konstellation schon oft gegeben.

Wenn die Konkurrenten von gestern plötzlich Teil derselben Organisation sind, zahlt es sich zunächst einmal aus, wenn man es in der Vergangenheit mit dem Konkurrenzkampf nicht zu weit getrieben hat. Dabei fällt vor allem das ins Gewicht, was Menschen persönlich kränkt oder sie gar ihr Gesicht verlieren lässt. Verlorene Rabattschlachten sind schneller vergessen als Schmutzkampagnen rivalisierender PR-Abteilungen, bei denen Führungskräfte der Konkurrenz diskreditiert oder Verbraucher bezüglich der Produktqualität des Mitbewerbers gezielt verunsichert wurden. Persönliche Kränkungen und verletzter Stolz auf das eigene Unternehmen und seine Marke können lange nachwirken. Doch selbst wo es in der Vergangenheit erbitterte Konkurrenzkämpfe gegeben hat, lässt sich im Fall eines Zusammenschlusses der einstigen Rivalen mit Diplomatie vieles erreichen. Das zeigt das Vorbild von Nelson Mandela in der Politik. Es zeigt vor allem: Wie sich die Sieger verhalten, ist am Anfang das Wichtigste. Wird die Übernahme des einstigen Konkurrenten wie ein Triumph gefeiert? Kommt es zu demonstrativen Entlassungen? Müssen Mitarbeiter der unterlegenen Firma fürchten, dass nun handstreichartig beseitigt wird, was sie jahrelang aufgebaut haben? Souveräne Gewinner verzichten auf alles, was den ohnehin unter seiner Niederlage leidenden Gegner noch weiter demütigen könnte. Sie gehen auf die andere Seite zu, respektieren ihre Traditionen und geben einen Vertrauensvorschuss. Von Nelson Mandela lässt sich lernen, die Vergangenheit für erledigt zu erklären und behutsam dafür zu werben, sich nun gemeinsam für eine gute Zukunft einzusetzen. Vor allem um Schlüsselfiguren, die viel Know-how und Erfahrung besitzen, sollte aktiv und intensiv geworben werden, damit sie bleiben und sich weiter engagieren. Oft wird gerade das sträflich vernachlässigt. Wichtig ist gleichzeitig, Befürchtungen und Bedenken zu zerstreuen. Vor der Übernahme der Swiss durch die Lufthansa starteten zwei Rechtsanwälte aus dem Kanton Zug eine Anzeigenkampagne, um einen anderen Investor zu finden als den ungeliebten deutschen Konzern. Sie fürchteten, dass die letzten Reste des Qualitätsanspruchs der legendären Vorgängergesellschaft Swissair untergehen würden. Solchen und ähnlichen Bedenken hätte die Lufthansa nach der erfolgreichen Übernahme entschieden entgegentreten sollen. Stattdessen bekamen die Befürchtungen durch drastische Preissenkungen bei der Swiss und die Einführung diverser Billigtickets nur neue Nahrung. Anders bei der Otto Group. Bis heute steht in Stellenangeboten, die neue Führungskräfte für Manufactum suchen, der Satz: „Seit 2008 gehört die Manufactum-Gruppe zur Otto-Gruppe und genießt innerhalb des Konzerns ein hohes Maß an Eigenständigkeit und Gestaltungsfreiheit.“ Damit betont der neue Hausherr von sich aus: Der kleine, aber feine Händler, den wir übernommen haben, ist und bleibt auch für uns etwas Besonderes.

In dem Film „Invictus“ haben interessanterweise nicht die weißen Mitarbeiter im Büro des Präsidenten die größten Schwierigkeiten, mit den ehemaligen Feinden als neue Partner zusammenzuarbeiten, sondern die langjährigen schwarzen Leibwächter Mandelas aus dem ANC. Als sich eine Gruppe weißer Mitarbeiter der „Special Branch“ bei ihnen als Verstärkung zum Dienst meldet, halten die Schwarzen das zunächst für ein Missverständnis. Doch die schriftliche Anweisung trägt tatsächlich die Unterschrift des Präsidenten. Einer der Leibwächter stellt daraufhin Nelson Mandela in dessen Amtszimmer regelrecht zur Rede: Ob er denn nicht wisse, wie diese weißen Polizisten der „Special Branch“ gestern noch die schwarzen Oppositionellen drangsaliert hätten? Mandela antwortet überraschend pragmatisch. Die Männer seien vom SAS ausgebildet worden, der berühmten Spezialeinheit der britischen Armee, und hätten große Erfahrung. Außerdem komme es ihm auf die Wirkung in der Öffentlichkeit an: Der Präsident möchte mit einer Mischung aus schwarzen und weißen Leibwächtern ein Signal setzen. „Die Regenbogennation beginnt hier“, sagt Mandela alias Morgan Freeman. Auch in der Wirtschaft gibt es Menschen mit einem hohen Idealismus, die sich schwertun, mit Unternehmen zu kooperieren, die für sie das „falsche System“ repräsentieren. Nach der Übernahme von Bionade durch Dr. Oetker war das aus biologisch angebauten Rohstoffen hergestellte Getränk plötzlich auch an Tankstellen erhältlich, wurde dafür aber von etlichen Bioläden aus dem Sortiment entfernt. Ein Bioprodukt unter dem Dach eines Lebensmittelkonzerns, der auf industrielle Landwirtschaft und Gentechnik setzt, war für manche nicht tragbar. Umgekehrt beendete Dr. Oetker umgehend Teile des gesellschaftspolitischen Engagements von Bionade, zum Beispiel das Sponsoring für das Festival „Rock for Nature“, da man von den dort in Erscheinung tretenden Gentechnik-Gegnern auch den eigenen Konzern kritisiert sah. Eine schwierige Situation, mit der letztlich auch die ehemaligen Eigentümer nicht glücklich waren. Das, obwohl sie ihr wesentliches Ziel, dem Produkt zu höherer Verbreitung zu verhelfen, durch den Verkauf an den Konzern erreicht hatten.

In den Mittelpunkt seines Films „Invictus" hat Regisseur Clint Eastwood ein reales Ereignis aus dem Jahr 1995 gestellt, das in Südafrika sowohl politische Geschichte als auch Sportgeschichte geschrieben hat: Es ist das Endspiel der Rugby-Union-Weltmeisterschaft zwischen den heimischen „Springboks" und den „All Blacks", dem Nationalteam aus Neuseeland, das damals als beste Rugbymannschaft der Welt galt. Obwohl die Südafrikaner als Außenseiter galten, unter anderem, weil es ihnen aufgrund des jahrelangen Sportboykotts gegen Südafrika an internationaler Spielpraxis mangelte, konnten sie das Spiel in einer hoch dramatischen Verlängerung gewinnen und wurden Weltmeister. Die ganze Nation feierte – und das war alles andere als selbstverständlich. Rugby galt nämlich seit Jahrzehnten als der Sport der Weißen und wurde während der Apartheid von den meisten Schwarzen gemieden. Mehr noch: Die Rugby-Nationalmannschaft galt geradezu als ein Symbol der Apartheid und hatte im Jahr der Weltmeisterschaft erst einen einzigen schwarzen Spieler. Nicht wenige Schwarze hatten von der Regierung des ANC einen radikalen Neubeginn auch im Sport gefordert und hätten die „Springboks" am liebsten in vollkommen neuem Gewand gesehen. Doch Nelson Mandela ließ die Weißen auch im Sport ihr Gesicht wahren. Gegen große Widerstände der schwarzen Mitglieder des 1992 neugegründeten südafrikanischen Rugbyverbandes setzte er durch, die alten Symbole und Farben der Mannschaft beizubehalten. Mehr noch: Am Tag des Endspiels der Weltmeisterschaft kam Mandela nicht im gewohnten dunklen Anzug ins Stadion, sondern im traditionellen Trikot der „Springboks". Damit landete der erste schwarze Präsident Südafrikas einen Coup, mit dem er große Teile der weißen Minderheit endgültig auf seine Seite zog.

„Leben und leben lassen" als positive Grundhaltung der Offenheit

In der Wirtschaft der Zukunft werden sich zahlreiche Chancen aus neuen und ungewohnten Kooperationen ergeben. Unter dem Schlagwort „Smart Farming" zum Beispiel prophezeien einige Experten bereits jetzt das Zusammenwachsen von konventioneller Landwirtschaft und Bio-Produktion zu einer ökologisch verträglichen High-Tech-Landwirtschaft. Start-ups machen in jüngster Zeit auch in Branchen Furore, die bisher als uneinnehmbare Bastion der Konzerne galten, zum Beispiel Tesla in der Automobilindustrie als Hersteller luxuriöser Elektrofahrzeuge. Bei diesen Veränderungen des Marktes ist im Vorteil, wer offen ist, keine Scheuklappen trägt und es in der Vergangenheit mit Feindbildern nicht zu weit getrieben hat. Heute sind Feindbilder nicht nur in der Politik, sondern auch ebenso in der Wirtschaft noch zahlreich zu finden: Mittelstand gegen Konzerne, Ökologen gegen Technokraten, Start-ups gegen Etablierte, heimische Wirtschaft gegen ausländische Anbieter, Realwirtschaft gegen Finanzwirtschaft und so weiter. Auch hier gilt: Die menschliche Ebene ist wichtiger als die Sachebene. Wer in einer harten Konkurrenzsituation fair bleibt, lässt sich alle Optionen offen, mit den Konkurrenten von heute in Zukunft zu kooperieren. Den anderen stets das Gesicht wahren zu lassen, ist eine innere Haltung, die sich antrainieren lässt, wenn sie einem nicht in die Wiege gelegt ist. Ich habe Ihnen bereits erzählt, wie sehr mich meine Zeit in Japan beeindruckt und geprägt hat. Dort werden die Menschen erzogen, andere stets gut dastehen zu lassen. Ich habe erst in

Japan gemerkt, wie kräfteraubend unsere westliche Art ist, Unmut und Ablehnung stets offen, ja oft demonstrativ nach außen zu tragen. Wenn Nachbarn oder Kollegen mit einem Sieben-Tage-Regenwetter-Gesicht grußlos aneinander vorbeigehen, weil sie sich in irgendeiner letztlich banalen Frage uneinig sind, kostet das sehr viel Energie. In Japan wäre so etwas undenkbar. Die Menschen dort, die ohnehin durch die Enge und die Hektik in den Städten gestresst sind, würden verrückt werden. Ich will dabei nicht verschweigen, dass die japanische Art auch ihre Schattenseite hat. Bei der Nuklearkatastrophe von Fukushima im Jahr 2011 trat diese Schattenseite in geradezu erschreckender Weise zu Tage: Die Gefahr wurde heruntergespielt, Verantwortliche wurden nicht benannt und ausländische Hilfsangebote lehnte man zunächst als überflüssig ab. Den anderen das Gesicht wahren zu lassen, darf nicht heißen, Verantwortung zu leugnen und Sachverhalte zu vertuschen, die auf den Tisch gehören. Auf der anderen Seite ist das Versagen von Verantwortlichen in Extremsituationen natürlich kein japanisches Phänomen, sondern kommt überall auf der Welt vor.

Extremsituationen sind zum Glück selten. In den meisten Alltagssituationen zahlt sich die Haltung „Leben und leben lassen" für alle Beteiligten aus. Die Wiener zum Beispiel beherrschen diese Lebensphilosophie gut, was für mich immer eine Erklärung dafür war, warum Wien so ein gutes Pflaster für die Diplomatie ist. Die Metropole an der Donau beherbergt ja nicht nur die älteste Diplomatenschule der Welt, sondern ist auch Sitz von Teilen der Vereinten Nationen sowie der Organisation für Sicherheit und Zusammenarbeit in Europa (OSZE) und der Organisation erdölexportierender Länder (OPEC). Heute gibt es 198 diplomatische Vertretungen und rund 17.000 akkreditierte Diplomaten in der UNO-Stadt Wien. In Wien geht man gut damit um. Zwar gibt es die berüchtigten übellaunigen Einheimischen, die „Grantler", doch ob jemand Chauffeur oder Generaldirektor ist, war den Wienern schon immer egal. In meiner Zeit in Wien habe ich einige Menschen kennengelernt, die durch ihre Toleranz, ihren Respekt vor anderen Menschen und ihre wohlwollende Grundhaltung nicht nur mit den unterschiedlichsten Gesprächspartnern positive Anknüpfungspunkte fanden und dadurch exzellente Verhandlungsführer waren, sondern auch ganz offenkundig viel gelassener durchs Leben gingen und viel Energie sparten, weil sie sich nicht ständig in Streitereien verstrickten. Ich denke da vor allem an meinen ehemaligen Chef im Außenministerium, einen überaus belesenen und kultivierten Menschen, der die Haltung des „Leben und leben lassen" geradezu formvollendet verkörperte. Sehr gut erinnere ich mich noch daran, welchen Ertrag ihm diese Haltung im Alltag ganz praktisch eingebracht hat. Egal, welche Situation entstand – er konnte immer alle Beteiligten anrufen und mit ihnen reden, da er mit niemandem persönlich im Streit lag und sich nirgendwo unbeliebt gemacht hatte. Damit allein hatte er einen unschlagbaren Vorteil gegenüber allen, die immer nur mit ihren „Verbündeten" sprachen und nicht mit denen, mit denen sie zerstritten waren. Dass er immer Haltung bewahrte und Menschen stets das Gesicht wahren ließ, führte auch dazu, dass er für andere ein überaus beliebter Gesprächspartner war. Er zählte zu den bestinformierten Personen im politischen Wien, da viele Leute das Gespräch mit ihm suchten und ihm Informationen anvertrauten, die nur wenige hatten. Mein Chef hat dieses Vertrauen nie missbraucht. Er wäre nicht auf die Idee gekommen, seine Informationen dazu zu nutzen, andere in ein schlechtes Licht zu rücken. Deshalb ist der Informationsfluss auch nie abgerissen.

Ein ganz anderes menschliches Klima als in Wien habe ich in den USA erlebt. Allein durch die Tatsache, dass meine Tochter in New York eingeschult und durch die amerikanische Pädagogik geprägt wurde, habe ich tiefere Einblicke in die amerikanische Mentalität gewinnen können. Hinzu kamen zahllose Begegnungen mit Amerikanern in meiner beruflichen Rolle als stellvertretende Generalkonsulin sowie das ganz normale Alltagsleben in Manhattan, das eine Diplomatin lebt wie alle anderen auch, mit manchmal hektischen Einkäufen und Erledigungen in der wenigen verbleibenden Zeit. In gewisser Weise erscheint die amerikanische Mentalität zunächst paradox, weil es sowohl ein ausgeprägtes Konkurrenzdenken als auch ein großes Wohlwollen und eine ausgeprägte Freundlichkeit im Alltag gibt. Das Wirtschaftsleben ist härter und die sozialen Unterschiede sind größer als in Europa, das ist gar keine Frage. Dennoch habe ich die typisch amerikanische Art als ausgesprochen angenehm erlebt. Selbst die sozialen Unterschiede haben ein Gegengewicht, nämlich das im Vergleich zu Europa entspanntere Verhältnis zwischen Reich und Arm. Viele Menschen, die in prekären Verhältnissen leben, sehen es nicht als Provokation, sondern als Ansporn an, dass es Reiche gibt. Fährt jemand mit einem Luxusauto in einen sozialen Brennpunkt, bekommt er vielleicht sogar auf der Straße Komplimente für sein Gefährt – in europäischen Städten schwer vorstellbar. Umgekehrt spielen für die Reichen das Spenden und die Wohltätigkeit eine viel größere Rolle als in Europa. Sicherlich sind viele „Charity"-Veranstaltungen auch glanzvolle gesellschaftliche Anlässe, was in Europa manchmal belächelt oder gar als bigott hingestellt wird. Tatsache ist aber, dass am Ende des Tages meist sehr viel Geld gespendet wird. Eher ist in den USA die Kriminalität ein Problem, als dass soziale Unterschiede für Sprengstoff sorgen würden. Wobei natürlich nicht zu leugnen ist, dass Armut auch bestimmte Formen der Kriminalität begünstigt.

Den Vorbehalten vieler Europäer zum Trotz habe ich den Alltag in den USA stets als sehr wohltuend erlebt. Die freundlichen Umgangsformen der Amerikaner werden ja in Europa gerne als Oberflächlichkeit hingestellt. Doch spätestens wenn einen in Berlin wieder einmal jemand auf dem

Bahnsteig angerempelt hat, ohne sich zu entschuldigen, erinnert sich jemand, der einmal in den USA gelebt hat, wie viel angenehmer Freundlichkeit das Zusammenleben macht. Insbesondere in New York habe ich die Menschen als positiv, offen und kommunikativ erlebt. Da stehe ich zum Beispiel an einer Kreuzung in Manhattan, warte in einer Menschenmasse darauf, dass die Fußgängerampel grün wird, und eine Frau neben mir macht mir spontan ein Kompliment für mein Kostüm. In Wien wäre das kaum vorstellbar. Sicherlich ist das eine „oberflächliche" Kommunikation, aber sie sorgt einfach für ein gutes Gefühl im Alltag. Was im Alltagsleben gilt, das gilt in den USA allerdings nicht in den Medien und schon gar nicht in der Politik. Öffentliche politische Diskussionen laufen zwar höflich und gesittet ab, doch hinter den Kulissen wird mit harten Bandagen gekämpft. Das sogenannte *negative campaigning*, also PR-Maßnahmen, die darauf zielen, den politischen Gegner aufgrund – angeblicher – persönlicher Verfehlungen als moralisch verkommen hinzustellen, ist im deutschsprachigen Raum zum Glück noch so gut wie unbekannt. Allerdings zeigten die Enthüllungen um den am Ende zurückgetretenen deutschen Bundespräsidenten Christian Wulff bereits bedenklich in diese Richtung.

Ich habe an sehr verschiedenen Orten auf der Welt gelebt und kann daher mit einigem Recht sagen, dass es um den zwischenmenschlichen Respekt nirgendwo nur besser oder nur schlechter bestellt ist als in unseren Breiten. Von den Japanern lässt sich lernen, dass man jeden unter allen Umständen sein Gesicht wahren lässt, dabei bleibe ich, trotz Fukushima. Und manchmal wünsche ich mir im Alltag in Europa etwas mehr von der freundlichen, positiven Art der Amerikaner, die einfach gute Laune verbreitet. Doch letztlich ist die Mentalität zweitrangig. Auf den Einzelnen kommt es an! Jede Führungskraft in jeder Organisation kann einen Unterschied machen – durch respektvollen Umgang sowohl mit eigenen Mitarbeitern, Kunden und Partnern als auch mit den Repräsentanten jedes Wettbewerbers. Welche Einstellung bei den Führungskräften eines Unternehmens wirklich vorherrscht, erkennt man dabei oft erst, wenn Fehler gemacht werden und etwas nicht nach Plan läuft. Einen Unternehmer, der durch seine persönliche Einstellung einen großen Unterschied macht, habe ich während meiner Arbeit in Liechtenstein kennengelernt: Michael Hilti. Er ist Sohn des Unternehmensgründers Martin Hilti und war damals Präsident des Verwaltungsrats der Hilti AG, dem er heute als einfaches Mitglied angehört. Michael Hilti wurde einmal von der Bertelsmann-Stiftung dafür ausgezeichnet, dass menschliche Werte in seinem Unternehmen nicht nur propagiert, sondern auch gelebt werden. In einem Interview mit der deutschen Wirtschaftszeitung *Handelsblatt* sagte er zu diesem Thema: „Wir haben verbindliche Spielregeln, an denen sich unsere Mitarbeiter orientieren können. Wer da nicht mitmacht, ist bei uns fehl am Platze. [...] Wer zum Beispiel eigene Seilschaften aufbaut, wer versucht, sich auf Kosten anderer Vorteile zu verschaffen, der passt nicht zu uns. Es darf bei uns keine Primadonnen geben."

Das war eine klare Ansage des Unternehmers. Und ich habe aus nächster Nähe mitbekommen, dass dies bei Hilti keine Einbahnstraße ist: Wer loyal zum Unternehmen und zu seinen Kollegen steht, kann sich auch auf die Loyalität des Unternehmens verlassen. Auch wer einen schweren Fehler macht, darf sein Gesicht wahren. Ein konkreter Fall, an dem ich das besonders deutlich erkennen konnte, sah so aus: Bei Hilti gab es damals einen jungen Topmanager, so einen richtigen Überflieger, der für sein Alter bereits ein hohes Vertrauen genoss und viel entscheiden durfte. Sein erstes Meisterstück sollte ein neues Logistikzentrum werden, dessen Bau er verantwortete. In der Stabsstelle für Kommunikation und Öffentlichkeitsarbeit in Vaduz waren wir über die üblichen informellen Kanäle eingeweiht, dass die feierliche Eröffnung im kommenden Juli stattfinden sollte. Als der Sommer näher rückte, warteten wir täglich auf die offizielle Einladung. Doch auch der Juli verstrich, ohne dass eine Einladung ins Haus kam. Zum Thema Logistikzentrum hörten wir von Hilti nie wieder etwas. Bis sich eines Tages herausstellte, dass es jetzt offensichtlich in Betrieb war. Was war geschehen? Insider berichteten, dass der junge Manager mit dem Bau des Logistikzentrums überfordert gewesen war. Er konnte den Termin nicht halten und war am Ende vollkommen verzweifelt. Hilti regelte die Sache intern und sorgte dafür, dass der Manager sein Gesicht wahren konnte. Er bekam eine andere Aufgabe im Unternehmen, und über das Logistikzentrum und den geplatzten Einweihungstermin wurde nicht mehr gesprochen. Als das Gebäude fertig war, nahm man es sang- und klanglos in Betrieb. In wie vielen anderen Unternehmen wäre das wohl so abgelaufen? Der junge Überflieger hätte Feinden, Neidern und Konkurrenten im Managementteam die perfekte Vorlage geliefert, ihn einmal so richtig auflaufen zu lassen. Allerdings hatte er bei Hilti keine Feinde, Neider oder Konkurrenten, da die Führungskräfte alle an einem Strang zogen. Der junge Manager bekam seine zweite Chance – und hat am Schluss alle in ihn gesetzten Erwartungen noch weit übertroffen. Diese Geschichte hat mir sehr imponiert.

KAPITEL 9

Götterdämmerung: Das Team ist der Star und punktet mit kollektiver Intelligenz

„Es ist an der Zeit, unsere Organisationen als kooperative Gemeinschaften zu denken und dabei Führung neu zu gewichten: nicht überflüssig, aber gleichwertig mit anderen wichtigen sozialen Prozessen", schrieb der kanadische Ökonom und internationale Management-Experte Henry Mintzberg in einem Beitrag für die Financial Times. Diplomatie ist schon lange modernes Teamwork. In der Wirtschaft scheint es dagegen noch viel Verunsicherung im Hinblick auf das Verhältnis zwischen Führungskraft und Team zu geben.

Diplomatie ist heute modernes Teamwork. Vielleicht haben einige noch Bilder von exzentrischen Adeligen im Kopf, die früher in der Diplomatie eine willkommene Bühne für ihre Selbstdarstellung gefunden haben. Doch die Zeiten, in denen Diplomatie ein elitärer Club war und „blaues Blut" die beste Eintrittskarte dafür, sind längst vorbei. Mein eigener familiärer Hintergrund ist vollkommen unauffällig-bürgerlich, und dieser Umstand war während meiner gesamten diplomatischen Karriere niemals ein Thema. In früheren Zeiten stand im Protokoll im Wiener Außenministerium das Adelslexikon griffbereit, um jederzeit die Abstammung eines Kollegen nachschlagen zu können. Doch längst ist der Anteil der Adeligen im österreichischen diplomatischen Dienst stark gesunken. Im Auswärtigen Amt in Berlin wurde während des Reformprozesses unter Außenminister Frank-Walter Steinmeier sogar ausdrücklich definiert, der auswärtige Dienst wolle bunter werden und wünsche keine weiteren „männlichen Juristen aus alten deutschen Adelsgeschlechtern". Als erwünschtes Gegenbeispiel wurde – vielleicht etwas klischeehaft – die Ethnologin mit türkischem Migrationshintergrund genannt. Ich habe den österreichischen diplomatischen Dienst schon vor Jahren als vielfältig und extrem teamorientiert erlebt. Eines allerdings ist aus den „alten Zeiten" erhalten geblieben – und glücklicherweise, wie ich finde: Es herrscht im Dienst ein ausgeprägter Corpsgeist. Man ist stolz auf das, was man tagtäglich leistet, und hält zusammen wie eine gute Familie. Dass diese streng zusammenhaltende Familie einen selbst nach dem offiziellen Ausscheiden aus dem Dienst nicht fallen lässt, habe ich im Herbst 2013 wieder einmal eindrucksvoll erlebt. Damals wurde ich gebeten, kurzfristig einen bekannten Businessexperten für einen Vortrag auf dem Kreuzfahrtschiff MS Europa 2 zu vertreten. Die „Europa 2" war gerade in fernen Meeren unterwegs, deshalb benötigte ich schnellstens zwei Visa. Die Wartezeit beträgt normalerweise eine Woche bis zehn Tage, doch ich hatte die Visa am übernächsten Tag – eben weil ich für die Kollegen immer noch zur „Familie" gehöre. In Berlin ist es ganz ähnlich wie in Wien. Dort treffen sich zum Beispiel einmal im Jahr deutsche Diplomaten aus sämtlichen Auslandsvertretungen zu einem großen Fest. Das ist keine offiziöse Feierstunde, sondern so etwas wie ein „Familientreffen". Es ist eine fröhliche Party in einer trendigen Location der alten und neuen Hauptstadt, wo bis in die frühen Morgenstunden geredet und gelacht wird. In Berlin fühlen sich jedoch nicht nur die eigenen Mitarbeiter wohl, sondern Diplomaten aus aller Welt sollen gewissermaßen „zu Gast bei Freunden" sein, wie ja der Slogan der Fußball-Weltmeisterschaft 2006 in Deutschland hieß. Über 300 ausländische Diplomaten sind Jahr für Jahr auf Einladung der Bundesregierung zu Besuch in der deutschen Hauptstadt und nehmen an Seminaren und Workshops, Begegnungen mit Diplomatenschülern und Hospitationen im Außenministerium teil. Die Nachfrage übersteigt die Zahl der angebotenen Plätze bei Weitem. Das Auswärtige Amt erklärt dazu: „Deutsche Außenpolitik ist Friedenspolitik. [...] In einer zusammenwachsenden, sich vernetzenden Welt ist nicht nationale Interessenpolitik, sondern Zusammenarbeit gefragt."

Wenn ich mich heute in Wirtschaft und Management umschaue, wird Teamwork dort mindestens so groß geschrieben wie in der modernen Diplomatie. Auch internationale Vernetzung und Zusammenarbeit sind selbstverständlich wichtige Themen. In der Praxis beschleicht mich allerdings häufig das Gefühl, dass eine viel größere Verunsicherung im Hinblick auf das Verhältnis zwischen Führungskraft und Team herrscht als in Diplomatie und Politik. Nicht wenige Manager scheinen zu fürchten, dass ihr Nimbus als Leader verblassen könnte, wenn zunehmend partizipative und kooperative Strukturen in ihrer Organisation Einzug halten. Nicht bei allen, doch bei vielen Führungskräften nehme ich eine schleichende Angst vor Bedeutungsverlust wahr. Im Vergleich scheint es, als ob eher die Politik ihre „Götterdämmerung" bereits hinter sich habe. Vor allem im deutschsprachigen Raum sehen wir heute autokratische Herrscher mit enormer Machtfülle wie beispielsweise

Vladimir Putin extrem kritisch. Das ist angesichts der Geschichte des 20. Jahrhunderts, zumal in Deutschland und in Österreich, auch kein Wunder. Nach dem in beiden Ländern verlorenen Ersten Weltkrieg wurde 1918 zunächst der alte Adel – zumindest formell – entmachtet. Der Nationalsozialismus trieb später das „Führerprinzip" dermaßen ins Extrem – und mit so verheerenden Folgen –, dass heute bereits die Verfassungen in Deutschland und Österreich einer zu großen Machtfülle einzelner Politiker einen Riegel vorschieben. Mein Wiener Studienkollege Herbert Strobl stellt zu recht fest: „Seit der NS-Zeit ist der Begriff ‚Führer' im Deutschen auf ewig verbrannt und tabu." Tatsache ist allerdings auch: Autokratische, mit enormer Machtfülle ausgestattete Wirtschaftsführer wie Steve Jobs, Steve Ballmer, Jack Welch oder Ingvar Kamprad wurden und werden im Vergleich zu autokratischen Politikern eher bewundert als kritisch beäugt. In der Politik führte die Bewältigung der Katastrophen des 20. Jahrhunderts zu enormen Modernisierungs- und Demokratisierungsschüben. In der Wirtschaft gab es bisher keine vergleichbare Entwicklung. Alte Hierarchien verschwinden zwar auch hier, und der Chef als allwissender, einsam entscheidender „Leitwolf" wird zunehmend in Frage gestellt, doch verläuft der Prozess weg von „Kommando und Kontrolle" und hin zu Teamorientierung und Partizipation wohl insgesamt langsamer und widersprüchlicher. Von der Diplomatie kann die Wirtschaft lernen, dass sich modernes Teamwork in flachen Hierarchien auf der einen Seite und kluge Führung mit einem Sinn für Traditionen auf der anderen Seite nicht ausschließen müssen.

Selbstreflexion und gemeinsame Reflexion als Erfolgsschlüssel

Immer wieder habe ich während meiner Karriere Menschen kennengelernt, die sowohl starke Persönlichkeiten als auch hervorragende Teamarbeiter waren. Beides schließt einander in keiner Weise aus. Im Gegenteil, wo Führungskräfte natürliche Autorität besitzen und gleichzeitig loslassen und andere mit ihren Talenten glänzen lassen können, arbeitet es sich besonders angenehm. Die „neue Führung" basiert nicht mehr auf der Selbstüberhebung einer Führungskraft, sondern auf ihrer Selbstreflexion. Für mich ist Selbstreflexion die Basis von allem. Erfolgreiche Selbstreflexion mündet in eine gemeinsame Reflexion im Team, bei der in einem offenen, kreativen Raum „kollektive Intelligenz" freigesetzt wird. Kollektive Intelligenz ist kein Hokuspokus, sondern bedeutet schlicht: Die Gruppe kommt gemeinsam auf bessere Lösungen als jeder Einzelne für sich. Dieser Effekt tritt allerdings nur dann ein, wenn es einer selbstreflektierten Führungskraft gelingt, das dafür nötige Umfeld zu schaffen und zu erhalten. Führung wird insofern, wie es der kanadische Management-Experte Henry Mintzberg in einem Beitrag für die *Financial Times* ausgedrückt hat, „nicht überflüssig, aber gleichwertig mit anderen wichtigen sozialen Prozessen". Mintzberg schreibt weiter: „Besessenheit mit Führung ist die Ursache vieler Probleme auf der Welt. Lassen Sie uns den Kult um Führung überwinden [...] Nicht um einen neuen Kult dezentraler Führung zu begründen, sondern um wahrzunehmen, dass der Gebrauch des Wortes Führung bereits die Neigung hat, unsere Aufmerksamkeit ganz auf das Individuum und weg von der Gemeinschaft zu lenken. Wir brauchen nicht nur bessere Führung, wir brauchen auch weniger Führung." Führungskräfte der Zukunft müssen loslassen und andere die Lösungen finden lassen. Das Team ist ab jetzt der Star – doch diesmal ohne Starkult und Starallüren. Unreflektierte Teameuphorie führt ebenso auf Abwege wie ein unreflektierter autoritärer Führungsstil. „Weniger Führung" im Sinne von Henry Mintzberg bedeutet, dass Führungskräfte in Zukunft mehr daran gemessen werden, inwiefern es ihnen gelingt, die Selbstorganisation der Mitarbeiter zu organisieren und Räume zu schaffen, in denen Talente sich entfalten können. Herbert Strobl nennt das in einem Beitrag für das österreichische Wirtschaftsmagazin *Report Plus* einen „fragenden, weniger sagenden Zugang" gegenüber den Mitarbeitern. Warum gelingt dies ausschließlich bewussten, selbstreflektierten Persönlichkeiten voll überzeugend?

Führungskräfte, die auf dem hohen Ross daherkommen, sind in meiner Wahrnehmung nie ausreichend geerdet. Geerdete Menschen sind reflektiert über ihre Stärken und Schwächen und konzentrieren sich auf ihre Stärken. Sie stehen mit beiden Beinen auf dem Boden und sie stehen aufrecht. Da sie aufrecht stehen, sind sie groß genug und haben es nicht nötig abzuheben. Für das, was sie selbst weniger gut können, suchen sie sich die bestmöglichen Mitarbeiter. Diese Mitarbeiter dürfen sie nicht nur übertreffen – sie *sollen* es. Ein geerdeter Mensch ruht in seiner Persönlichkeit. Er hat keine Angst vor Bedeutungsverlust, weil er seine Bedeutung überhaupt nicht in der Anerkennung von außen sucht. Ich habe im diplomatischen Dienst mehr als einen dieser Menschen kennenlernen dürfen. Den einen oder anderen darunter würde ich heute als Ausnahmepersönlichkeit bezeichnen. Ich denke zum Beispiel an einen österreichischen Diplomaten, der lange Zeit im Außenministerium in Wien war und später noch einmal auf einen Posten nach Rom gewechselt ist. Dieser Mann war ausgesprochen gebildet und belesen. Er konnte die kompliziertesten politischen Zusammenhänge auf den Punkt bringen und sprach genauso kundig über kulturelle Themen. Er spielte sehr gut Klavier und verstand das Leben durchaus zu genießen. Mit allen seinen besonderen Begabungen machte er gleichzeitig nie viel Aufhebens um seine Person. Er trat bescheiden auf und sagte immer: „Wenn jemand etwas besser kann als ich, dann soll der das machen." Nie hat das seiner Autorität geschadet, im Gegenteil: Seine Reflektiertheit und soziale Kompetenz verliehen ihm eine hohe natürliche Autorität. Für einige war er wie eine Institution.

Den Gegentyp gibt es leider ebenso, und auch diesem bin ich hin und wieder begegnet. Es sind die Menschen mit dem gekränkten Ego, die sich irgendwo im Leben zu kurz gekommen fühlen und dann glauben, sie müssten sich im Büro profilieren. Solche Menschen werden allenfalls gefürchtet, aber nie wirklich respektiert. Oft wird hinter dem Rücken solcher Chefs abschätzig geredet, was sie nur noch mehr dazu anstachelt, alle zu kontrollieren und zu gängeln. Das gekränkte Ego will außerdem das Bild kontrollieren, das sich andere von ihm machen – doch das ist ein aussichtsloses Unterfangen, die Gedanken sind frei. So ging es mir mit einem meiner Vorgesetzten, als ich nach zweieinhalb Jahren „Babypause" wieder in den Beruf einstieg. Ich lebte mit meinem damaligen Ehemann und unserer kleinen Tochter in Bern, als ich die Chance bekam, stellvertretende Generalkonsulin in New York zu werden. Da mein Mann zur österreichischen UNO-Mission nach New York wechseln konnte, hatten wir somit die Chance, beide in derselben Stadt als Diplomaten zu arbeiten. Für unsere junge Familie war das eine geradezu perfekte Lösung. Leider erwarteten mich in New York dann gleich unerwartete Herausforderungen am neuen Arbeitsplatz. Mein damaliger Chef war noch ganz in einem überkommenen Rollendenken gefangen und der Überzeugung, eine junge Mutter könne er im Generalkonsulat nicht gebrauchen. Das hatte er im Vorfeld anderen gegenüber ganz unverblümt so geäußert. Weil über Versetzungen in Wien entschieden wird, musste er schließlich doch mit mir auskommen. Das fiel ihm nicht leicht: Zurück in meinem geliebten Beruf und befeuert von der Energie und Dynamik der Stadt New York lief ich zur Höchstform auf. Das passte meinem Chef gar nicht. Hatte er zunächst befürchtet, ich könnte wegen meiner Tochter zu wenig leisten, so war ich ihm nun plötzlich zu aktiv und zu erfolgreich. Insbesondere einen Satz habe ich immer noch im Ohr: „Das geht nicht, du bist hier nicht der Chef." Im Klartext bedeuten solche Sätze von Chefs wohl: „Ihr sollt keine anderen Götter neben mir haben."

Zum Glück waren solche Führungskräfte schon vor über 20 Jahren die Ausnahme in der Diplomatie. Bereits bei meiner Rückkehr nach Wien einige Jahre später erlebte ich jenes moderne Teamwork auf Augenhöhe, wie es junge Diplomaten heute in allen deutschsprachigen Ländern erwarten dürfen und auch vorfinden werden. Mein nächster Chef in Wien konnte wirklich loslassen – er ließ die Dinge laufen, wenn er merkte, dass seine Mitarbeiter alles im Griff hatten. Davon hat das gesamte Team im Außenministerium enorm profitiert. Wir alle wussten: Wenn es ein Problem gibt und wir eine Idee haben, wie wir das lösen können, dann dürfen wir auch loslegen, ohne erst den Chef fragen zu müssen. Sollte unsere Lösung doch nicht glatt laufen, können wir jederzeit zum Chef kommen – und er wird nicht fragen, „Warum versuchst du das ausgerechnet so?", sondern „Wie kann ich dir helfen?" Ein solches Umfeld zu haben, ist ausgesprochen belebend und motivierend. Niemand wäre in einem solchen Team auf die Idee gekommen zu sagen: Wir brauchen keinen Chef mehr. Im Gegenteil, Chefs, die sowohl starke Persönlichkeiten als auch starke Teamworker sind, geben ihren Mitarbeitern erst die nötige emotionale Sicherheit, sich auszuprobieren, unkonventionelle Wege zu gehen und die eigenen Grenzen auszuloten. Geerdete und selbstreflektierte Chefs, wie ich sie meine, betreiben ja kein bloßes Laisser-faire. Im Gegenteil, sie kommunizieren intensiv mit ihrem Team und sind stets bestens informiert. Aus ihrer Selbstreflektion folgt die gemeinsame Reflektion, und dazu zählt, sich mit jedem Teammitglied zusammenzusetzen und zu überlegen, wo und wie es sich am besten einbringen kann. Von meinem Chef in Wien kam bald der Satz „Du bist wie ein Rennpferd" – und anders als mein Chef in New York hatte er überhaupt nicht die Absicht, meinen Galopp zu bremsen. Er wollte mir lediglich dabei helfen, mich nicht zu ver-*rennen* und meinen Schwung und meine Tatkraft zum Wohl des ganzen Teams einzusetzen. Für dieses Maß an Freiheit, Vertrauen und Unterstützung habe ich mich ganz selbstverständlich damit revanchiert, dass ich meinen Chef immer gut dastehen ließ. Nie habe ich mich in den Vordergrund gespielt oder darauf gedrängt, dass meine Erfolge auch als mein Verdienst sichtbar sind. Der Chef hielt uns allen den Rücken frei – dafür durfte er den Applaus kassieren. Da er allerdings auf Beifall und Bewunderung nicht den geringsten Wert legte, war das nie ein Thema. Oft haben wir uns ganz pragmatisch gefragt: Wer soll welche Rolle spielen? Bei rund 28.000 ausländischen Diplomaten, die wir damals in Wien betreuten, kam auch viel Unangenehmes auf unseren Tisch. Damit meine ich nicht etwa die notorischen Verkehrssünden der Autofahrer mit Diplomatenkennzeichen, sondern viel gravierendere Fälle. Einmal ging es sogar um Mord, und wir mussten sehen, wie das vor dem Hintergrund der diplomatischen Immunität am besten zu regeln war. Da wir geschlossen aufgetreten sind und es bei uns intern keine Eitelkeiten gab, hatten wir stets alle Trümpfe in der Hand.

Der „richtige" Führungsstil ist heutzutage derjenige, der funktioniert

In den Anfängen der Industriegesellschaft wurden Unternehmen nach dem Muster militärischer Organisationen geführt. Autoritäre Führung wie beim Militär setzt bei der Führungskraft bestimmte Charaktereigenschaften voraus, die teilweise schon im zarten Kindesalter beim Spiel im Sandkasten zu beobachten sind. Während der Zeit des Nationalsozialismus entwickelten Psychologen in Deutschland die sogenannte „Führerprobe", um eben diese persönlichen Eigenschaften bei einer Person festzustellen. Es gibt heute Headhunter beziehungsweise Leiter von Assessment-Centern, die immer noch auf diese in den 1930er-Jahren entwickelten Erkenntnisse zurückgreifen, wenn es darum geht, C-Level-Kandidaten zu finden. Gleichzeitig existieren mittlerweile die unterschiedlichsten Führungsstile parallel – die einen mehr autoritär, die anderen mehr partizipativ. Auch verlässt sich die eine Führungskraft eher auf „objektive" Zielvereinbarungen mit den Mitarbeitern, während die andere aus ihrer Intuition heraus führt, was bis zu einer ausgeprägt charismatischen Führung reichen kann. Es ist heute unmöglich zu sagen, was der „richtige" Führungsstil ist. Das hängt zu sehr von der Größe der Organisation, den Menschen, den Zielen und den aktuellen Umständen (Boom oder Krise?) ab. Auch funktioniert die „Corporate World" ganz anders als der Mittelstand. Ich persönlich fand diese „Corporate World", die Welt der Konzerne mit ihren manchmal hunderttausenden Mitarbeitern in Niederlassungen auf der ganzen Welt, immer faszinierend. Nicht bewundernswert oder gar vorbildlich, aber faszinierend. In der Konzernwelt weht allerdings ein recht kühler Wind, der nicht jedermanns Sache ist. Führung funktioniert dort anders und muss auch anders funktionieren als beispielsweise unter den Mittelständlern im Schweizer Rheintal, von denen ich einige gut kenne.

Wenn es auch die eine, „richtige" Führung nicht geben kann und nicht geben muss, so lassen sich dennoch einige Punkte nennen, die charakteristisch sind für die Umbrüche in der Wirtschaft, wie wir sie gerade erleben. Der erste Punkt:

Führungskräfte haben heute eine nie dagewesene Auswahl, welchen Führungsstil sie wählen. Die Folge ist, dass sie sehr stark von ihren eigenen inneren Bildern über „Führung" geleitet werden. Vereinfacht gesagt: Wie eine Führungskraft über „Führung" denkt, so führt sie auch. Selbstreflexion ist hier wichtig, um diese inneren Bilder auf Stimmigkeit zu überprüfen. Führungskräfte sollten sich fragen: Was will ich? Und: Was genau stelle ich mir unter Führung vor? Jeder ist heute selbst dafür verantwortlich, dass seine Ziele und die Mittel, die er wählt, um diese Ziele zu erreichen, zueinander passen. Der zweite Punkt: Es gibt eine Akzentverschiebung vom Chef zum Team, von der Spitze in die Breite. Diese Verschiebung ist nicht überall gleich stark ausgeprägt, doch selbst in sehr hierarchischen Organisationen ist sie zu erkennen. Im Zuge der Globalisierung verlangen immer mehr Aufgaben intensives Teamwork und wären mit „command and control" gar nicht zu bewältigen. Selbst die Armee setzt heute auf kleine, agile Teams, da in bestimmten Konfliktregionen – wie beispielsweise in Afghanistan – völlig andere Regeln gelten als in den europäischen Landkriegen der letzten Jahrhunderte. Die Akzentverschiebung hin zum Team bringt es mit sich, dass Führungskräfte sich mehr mit einzelnen Menschen und deren Talenten und Fähigkeiten beschäftigen müssen als je zuvor. Ein funktionierendes Team setzt außerdem voraus, dass die Teammitglieder auf der menschlichen Ebene gut miteinander auskommen. Führungskräfte können nicht mehr allein sachliche Vorgaben machen, sondern müssen gute zwischenmenschliche Beziehungen pflegen, intensiv mit allen kommunizieren und Vertrauen aufbauen. Der dritte und letzte Punkt einer sich wandelnden Führungskultur, den ich hervorheben möchte, ist nicht minder wichtig: Noch nie gab es so viel Unterstützung bei der Führung von Menschen. Mit Weiterbildung, Training und Coaching kann heutzutage jeder, der den festen Willen dazu besitzt, führen lernen. Nach dem „Born Leader" braucht kein Unternehmen der Welt mehr zu suchen. Menschen sind entwicklungsfähig, und wir verfügen über die Instrumente, jeden Menschen, der das will, bei seiner Entwicklung zur Führungskraft zu unterstützen. Gerade der jungen Generation von Führungskräften und den Kandidaten für Führungsaufgaben ist es dabei oft wichtig, ihren Werten treu zu bleiben. Wer sich richtig unterstützen lässt, der kann seinen ganz eigenen, erfolgreichen Führungsstil finden, ohne sich innerlich verbiegen zu müssen.

So unterschiedlich die Führungsstile sein mögen, so ähnlich scheinen die Anforderungen an Führungskräfte der Zukunft zu sein. Die Unternehmensberatung Achieve-Global befragte dazu im Jahr 2014 mehr als 1.000 Führungskräfte in Europa, Asien und Nordamerika. In der Selbsteinschätzung der Führungskräfte kristallisierten sich sechs Kernkompetenzfelder heraus, die das Anforderungsprofil für erfolgreiche Leader der Zukunft bilden: Reflexion, Werteorientierung, Umgang mit Vielfalt, Kreativität, Menschen und Business. Konkret glauben die befragten Führungskräfte, dass es zukünftig auf Folgendes ankommen wird: die eigenen Fähigkeiten ständig verbessern (Kompetenzfeld „Reflexion"), das Wohl des Ganzen über den eigenen Erfolg stellen (Kompetenzfeld „Werte"), persönliche Unterschiede – „diversity" – als Ressource nutzen (Kompetenzfeld „Vielfalt"), eigene Glaubenssätze ständig hinterfragen und neue Ideen hervorbringen (Kompetenzfeld „Kreativität"), enge Beziehungen zu Mitarbeitern aufbauen (Kompetenzfeld „Menschen") sowie am langfristigen statt am kurzfristigen Erfolg arbeiten (Kompetenzfeld „Business"). Eine interessante Selbsteinschätzung von Führungskräften auf drei Kontinenten, was die Zukunft ihrer eigenen Arbeit betrifft. Auffällig an dem Studienergebnis ist nicht zuletzt das Maß an Reflektiertheit, das Top-Führungskräfte bereits an den Tag legen. Doch auch dieses brachte die Studie an den Tag: Die Mehrheit der Führungskräfte sieht heute noch eine große Diskrepanz zwischen Anspruch und Wirklichkeit. In der Praxis bestimmen die Quartalszahlen oder der Börsenkurs viel mehr das Handeln, als es die Führungskräfte eigentlich für richtig hielten. Doch immerhin herrscht ein erstaunlich breiter Konsens hinsichtlich der Richtung, in die es in Zukunft gehen soll.

Ich bin bei all dem gerne realistisch und pragmatisch und warne Führungskräfte manchmal vor Übertreibungen. Auf der einen Seite glaube ich fest an das Potenzial kollektiver Intelligenz und setze gemeinsam mit Kolleginnen und Kollegen schon seit einiger Zeit erfolgreich moderne, dialogische Kommunikationsformen ein. Ein Beispiel dafür ist „Art of Hosting", ein Bündel von modernen Kommunikationsformen, die in ihrer Gesamtheit als „die Kunst, gute Gespräche zu ermöglichen" definiert sind. Es ist faszinierend, auf welche Antworten Gruppen im Rahmen von „Art of Hosting" gemeinsam kommen, weil jeder Teilnehmer gehört wird und sein Wissen und seine Erfahrungen zu einem Thema beisteuert. Mit diesem Wissen und der Erfahrung von allen kommt man zu viel besseren Antworten, als wenn nur einige wenige sich einbringen.

Auf der anderen Seite habe ich genügend Krisenregionen dieser Welt kennengelernt, um zu wissen, dass es in brenzligen Situationen meistens zu lange dauert, um kollektive Intelligenz zu mobilisieren. Das kreative Potenzial von Gruppen ist immens, doch die Voraussetzungen, um es zu heben, sind eine gewisse Muße und ein geschützter Raum. In Krisensituationen ist eine stärker autoritäre Führung nötig, die wieder mehr von einzelnen Personen ausgeht. Notärzteteams zum Beispiel brauchen einen Koordinator, der Anweisungen gibt – für Diskussionen ist keine Zeit, wo Sekunden über Leben und Tod entscheiden. Selbstreflektierte und geerdete Führungskräfte können zeitweise auf autoritäre Führung umschalten, ohne dass sie deshalb als Mensch abheben. Sie sehen das einfach als eine Notwendigkeit, die im Dienst des großen Ganzen steht. Ist die Krise vorbei, lassen sie die Dinge wieder mehr laufen.

Moderne Teams erfordern die Fähigkeit zum Rollenwechsel

Für den „Leitwolf" vom alten Schlag wäre es undenkbar, ein Team heute zu führen und morgen – angesichts neuer Anforderungen und unter anderen Bedingungen – wieder einfaches Teammitglied zu sein. Doch gerade diese Fähigkeit zum Rollenwechsel wird die Wirtschaft der Zukunft vielen Menschen abverlangen. Agile Teams gruppieren sich immer wieder neu und orientieren sich in ihrer Zusammensetzung an der gerade zu lösenden Aufgabe. Die Führung übernimmt derjenige, der dazu in der konkreten Situation die besten Voraussetzungen mitbringt. Der „Born Leader", der glaubt, in jeder Gruppe von Menschen auf die Führungsrolle abonniert zu sein, kann im Extremfall von einer Bereicherung des Teams zum Störfaktor und ernsten Problem werden. In Organisationen ist zunehmend eine ganz neue Form von Teamfähigkeit gefragt. Es geht nicht länger darum, einer bestimmten Stellenbeschreibung oder einem Rollenklischee möglichst perfekt zu entsprechen, sondern über ein Repertoire von möglichen Rollen in einem Team zu verfügen. Wenn Sie sich heute an einer Diplomatenschule umschauen, wie zum Beispiel an der des Auswärtigen Amts in Berlin, werden Sie dort unter den jungen Menschen praktisch keine „Karrieristen" vom alten Schlag mehr finden. Ein junger Mensch, der ausschließlich das Ziel hätte, in der Diplomatie Karriere zu machen, und dabei keine soziale Kompetenz mitbringt, würde wohl bereits im Auswahlverfahren scheitern. Die meisten jungen Diplomatenschüler wirken heute sehr idealistisch und gleichzeitig pragmatisch. Sie werden intensiv geschult, im Team zu funktionieren und vor allem Krisensituationen gemeinsam zu meistern. Gleichzeitig zeichnet sich auch in der Politik ein Wandel ab. Noch vor einiger Zeit war es sehr schwierig, von der ersten Reihe in die zweite Reihe oder von der zweiten Reihe in die dritte Reihe zurückzutreten und dort mit gleich viel Engagement und ohne Ansehensverlust weiterzumachen. Wir alle kennen die leidigen Fälle von Spitzenpolitikern, die „nach Europa" geschickt wurden, nur um ihr Gesicht wahren zu können. Nicht dass sie sich für Europapolitik jemals besonders interessiert hätten, geschweige denn, dass sie der ideale Kandidat für den Posten – beispielsweise eines Kommissars – in Brüssel gewesen wären. Doch sie waren in der ersten Reihe der nationalen Politik nicht mehr erwünscht und mussten deshalb mit einer formal ähnlich prestigeträchtigen Position „versorgt" werden. Das Geltungsbedürfnis von „Alphatieren" zu befriedigen erschien wichtiger, als die sowohl für das eigene Land als auch für Gesamteuropa beste Personalentscheidung zu treffen. Solche Verhältnisse, die in der Öffentlichkeit schon immer mit Kopfschütteln quittiert wurden, gehen (hoffentlich) ihrem absehbaren Ende entgegen.

Ein positives Beispiel gibt hier die deutsche Spitzenpolitikerin Brigitte Zypries. Sie war von 2002 bis 2009 Bundesministerin der Justiz in den Kabinetten von Bundeskanzler Schröder und Kanzlerin Merkel. Damit führte sie ein „klassisches" Ressort, dessen tatsächlicher Einfluss von politischen Laien meist unterschätzt wird. Der Justizminister oder die Justizministerin ist eine Schlüsselfigur der Politik und steht in der ersten Reihe. Im Jahr 2013 wurde Brigitte Zypries Parlamentarische Staatssekretärin beim Bundesminister für Wirtschaft und Energie. Das ist eine Position in der zweiten Reihe. Sie ist dort unter anderem zuständig für Informationstechnik und Internetwirtschaft. Das ist deshalb bemerkenswert, weil Frau Zypries bereits als Justizministerin dem Thema Internet große Aufmerksamkeit geschenkt hat. Im Jahr 2009 wurde sie vom deutschen Verband der Internetwirtschaft zur „Internet-Politikerin des Jahres“ gewählt. Diese Politikerin hat allem Anschein nach bestimmte Werte und eine persönliche thematische Agenda, für die sie bereit ist, sich in unterschiedlichen Rollen und Positionen einzubringen – mal in der ersten Reihe und mal in der zweiten. Sie ist damit der Gegentypus zu reinen Machtpolitikern, denen Inhalte zweitrangig scheinen und für die es offenbar die Hauptsache ist, irgendwo an der Spitze zu stehen. Wir brauchen in Zukunft noch mehr bewusste, reflektierte Führungskräfte, die in erster Linie für ihre Werte und eine bestimmte Agenda einstehen und dann erst schauen, in welcher Rolle sie jeweils die größte Wirkung entfalten können.

Von dem Liechtensteiner Unternehmer Michael Hilti habe ich in diesem Buch bereits berichtet. Als Sohn des Unternehmensgründers war für ihn der Weg vorgezeichnet, eines Tages CEO der Hilti AG zu werden. Das dauerte allerdings recht lange, und er bekleidete diesen Posten schließlich „nur“ von 1990 bis 1993. Vorher war der Sohn des Gründers jahrelang „einfaches“ Vorstandsmitglied mit der Zuständigkeit für Marketing gewesen, eine Rolle, für die er sich vielleicht berufener fühlte als für die des Vorsitzenden. Im Jahr 1994 wurde Michael Hilti Präsident des Verwaltungsrats, zog sich 2006 jedoch auch hier in die zweite Reihe zurück und machte Platz für den Vorsitz des Schweizers Pius Baschera, der sein Nachfolger als CEO und der erste Familienfremde in dieser Position gewesen war. Ein solcher Rollenwechsel selbst in Top-Positionen ist typisch für die „Hilti-Kultur“. Die Zeitschrift *Harvard Business Manager* schrieb dazu im Jahr 2009: „Selten finden sich – wie bei Hilti – starke Teams an der Spitze eines Familienunternehmens. [...] Wichtiger sozialer Klebstoff in der Geschäftsleitung ist sicherlich der gemeinsame Glaube an die Bedeutung der Hilti-Kultur für den Unternehmenserfolg.

Dies wird symbolisch und faktisch dadurch unterstützt, dass die Geschäftsleitung ebenso wie alle anderen Teams bei Hilti gemeinsam Kulturseminare durchläuft und sich so als Gruppe weiterentwickelt.“

Doch nicht nur bei einem traditionsbewussten Werkzeughersteller wie Hilti, sondern beispielsweise auch bei dem Internetriesen Google, dessen Zentrale in Mountain View im Herzen des kalifornischen Silicon Valley liegt, herrscht eine besondere Kultur unter den Mitarbeitern, die sich selbst stolz als „Googler“ bezeichnen. Das Unternehmen beschreibt seine Besonderheit mit diesen Worten: „Wir möchten uns eine offene Kultur erhalten, wie sie typisch für Startups ist. Jeder kann sich aktiv einbringen und seine Ideen und Meinungen mit den anderen teilen.“ Interessanterweise hat es auch bei Google ungewöhnliche Rollenwechsel an der Spitze gegeben. Die beiden Gründer Larry Page und Sergey Brin, die ihre Suchmaschine Mitte der 1990er-Jahre noch als Studenten an der Stanford University entwickelt hatten, führten die 1998 gegründete Firma Google Inc. innerhalb von drei Jahren bis zur Marktführerschaft auf dem Gebiet der Internetsuche. Im Jahr 2001 traten die beiden damals noch unter 30-jährigen Unternehmer in die zweite Reihe zurück. Mit dem 1955 geborenen Eric Schmidt machten sie einen Manager einer deutlich älteren Generation zum neuen CEO. Eine kluge Entscheidung, die wohl auch von den Kapitalgebern forciert worden war. Eric Schmidt, von Haus aus Informatiker wie die beiden Gründer, war zu diesem Zeitpunkt bereits Branchenprofi durch und durch. Er hatte im mittlerweile legendären Forschungslabor Xerox-PARC gearbeitet, war ab 1983 CTO bei Sun Microsystems gewesen und fungierte seit 1997 bis zu seinem Wechsel zu Google als CEO von Novell. Im Gegensatz zu den beiden Gründern wusste er, wie man um Informationstechnik profitable Geschäftsmodelle baut, wie man effiziente Strukturen und Prozesse schafft und wie man mit rasant wachsenden

Mitarbeiterzahlen umgeht. Genau diese Aufgaben bewältigte er bei Google mit Bravour, während sich die Gründer mehr um die technischen Innovationen kümmerten, sich jedoch weiterhin als Teil des Management-Teams verstanden. Unter CEO Eric Schmidt stieg der Jahresgewinn bei Google Inc. von 7,0 Millionen US-Dollar im Jahr 2001 auf 9,7 Milliarden US-Dollar im Jahr 2011. Seit etwa 2010 mehrten sich jedoch kritische Stimmen bei Google: Das Unternehmen drohe zu „verkonzernen", an Kreativität und Innovationskraft einzubüßen und seine charakteristische offene Kultur zu verlieren. So wechselte Eric Schmidt im April 2011 in den Verwaltungsrat von Google und machte in der Geschäftsleitung wieder Platz für die beiden Gründer. Larry Page wurde CEO und CMO, Sergey Brin CTO des Unternehmens. Mit Eric Schmidt wurde vereinbart, dass er – nunmehr aus der zweiten Reihe – als interner Berater fungieren soll. Die beiden Gründer waren jetzt Ende 30 und erfahren genug, die Leitung eines Unternehmens mit inzwischen mehr als 50.000 Mitarbeitern zu übernehmen. Eric Schmidt kommentierte die Personalie via Twitter ironisch mit den Worten: „Tägliche Aufsicht durch Erwachsene nicht mehr nötig."

Der Rollenwechsel in den Teams der Zukunft ist keineswegs allein hierarchisch zu verstehen, also als Wechsel von der ersten in die zweite oder dritte Reihe und umgekehrt. Mindestens ebenso wichtig sind die Bereitschaft und die Fähigkeit, im Team unterschiedliche Aufgaben zu übernehmen, je nach dem, was gerade wichtig ist. Ich kenne eine Hoteldirektorin in Vorarlberg, die 33 Jahre lang das „erste Haus am Platz" in einem bekannten Erholungsort führte und während dieser Zeit viel Prominenz beherbergte. Wer die manchmal leicht arroganten Hoteldirektoren, insbesondere in der benachbarten Schweiz, kannte, und dieser Frau am Eingang ihres 160-Betten-Hotels begegnete, wird im ersten Moment vielleicht gar nicht vermutet haben, der Chefin begegnet zu sein. Die Vollblut-Unternehmerin trat unscheinbar auf, trug meistens ein Dirndl und war sich vor allem nicht zu fein, überall mit anzufassen, wo es gerade schnell weitergehen musste. Genauso werden es auch die Mitglieder in den Teams der Zukunft machen: Unabhängig von ihrer formellen Hierarchiestufe gehen sie mit offenen Augen durch den Tag und fragen sich: Wo und wie kann ich den anderen jetzt am besten helfen? Idealerweise mit den eigenen besten Talenten – wenn gerade Not ist, dann jedoch auch einfach mit zwei zupackenden Händen. Diese „hands-on attitude", wie es im Englischen heißt, die zupackende Eigeninitiative, sorgt ganz automatisch dafür, dass formelle Hierarchien in den Hintergrund treten und der Teamgeist wächst. Bei einem mittelständischen Anlagenbauer in der Bodenseeregion sind die klassischen Abteilungsgrenzen inzwischen vollkommen eingerissen worden. Sie hatten einfach nicht mehr funktioniert. Heute sehen sich die Ingenieure in der Zentrale und die Montageleute, die in aller Welt Anlagen aufbauen, als ein großes Team und ziehen an einem Strang. Das wäre früher undenkbar gewesen. Mittlerweile üben sie in Rollenspielen Situationen wie die, dass am Wochenende beim Kunden in Asien ein Montageproblem auftaucht und in der Firmenzentrale niemand anwesend ist. Wer kann jetzt wie am schnellsten helfen? Allein darum geht es in einem solchen Moment. Eine weitere Maßnahme: Neue, junge Mitarbeiter sollen so schnell wie möglich Verantwortung übernehmen und ihre eigenen, kleinen Teams leiten. Statt Erwartungen an ihre Chefs zu formulieren, sollen sie im Team das selbst umsetzen, was sie von anderen erwarten. Das funktioniert nur, wenn alle von Anfang an lernen, den Blick aufs große Ganze zu richten.

Ich finde es überaus spannend zu beobachten, wie sich mittlerweile sogar die britische Königsfamilie mehr und mehr als ein Team versteht und ihre Rollen in der Öffentlichkeit ausgesprochen klug aufteilt. Bis auf die stoische Queen Elizabeth, die eine eiserne Selbstdisziplin besitzt, fiel „Royalty“ in der Vergangenheit ja öfter durch Skandale und handfeste Familienkrisen auf als durch geschicktes und geschlossenes Auftreten. Das scheint sich gerade grundlegend zu ändern. Ich habe mittlerweile den Eindruck, dass die königliche Familie fast wie ein Unternehmen agiert und kluge strategische Entscheidungen trifft. Als Diplomatin habe ich dabei besonders im Blick, wer in welche Länder reist, um die britische Krone zu repräsentieren. Von besonderer Bedeutung sind für das Vereinigte Königreich ja traditionell die Staaten des Commonwealth, von denen einige – darunter Kanada, Australien und Neuseeland – sogar die englische Königin als formelles Staatsoberhaupt haben. Fast drei Wochen nahmen sich Prinz William und seine Frau Kate im Jahr 2014 Zeit für eine Australien- und Neuseelandreise. Ihren neun Monate alten Sohn, Prinz George, nahmen sie einfach mit. Die Öffentlichkeit in beiden Ländern zeigte sich entzückt; das Medienecho war extrem positiv. Besonders gut kam das Understatement an: Die königliche Kleinfamilie habe sich bei einem Besuch im Zoo von Sidney verhalten „wie jede andere Familie auf einem Tagesausflug“, berichteten Teilnehmer der Exkursion. Das ist „Public Diplomacy“ in Bestform! Zu Besuch nach Jamaica schickte die königliche Familie dann lieber Prinz Harry. Dort lieferte er sich zum Spaß einen Wettlauf mit Usain Bolt (bei dem der schnellste Mann der Welt dem Prinzen ein paar Sekunden „schenkte“) und tanzte bei anderer Gelegenheit mit Leuten auf der Straße zu Reggae-Musik. Eine Paraderolle für den lebensfrohen Draufgänger Harry, der so die Herzen der Jamaikaner genauso eroberte wie sein Bruder mit seiner jungen Familie die der Australier und Neuseeländer. Zu Besuch ins Weiße Haus nach Washington fuhren kurze Zeit später selbstverständlich Prinz Charles und Herzogin Camilla. Um gemeinsam mit US-Präsident Barack Obama einmal mehr das „besondere Verhältnis“ zwischen den Vereinigten Staaten und

Großbritannien zu beschwören, waren sie genau die richtige staatstragende Besetzung. So praktizieren auch die „Royals“ modernes Teamwork!

KAPITEL 10

Sinnstiftung: ohne Brot und Spiele zu herausragenden Leistungen

Von dem chinesischen Dichter Bai Juyi (772–846) stammt der schöne Vers: „Freude kann nur aus dem Inneren stammen; wer sie von außen erklärt, wird sie niemals begreifen.“ In unserer modernen Welt findet gerade eine Wende von außen nach innen statt. Status und Besitz werden weniger wichtig. Die Berufswahl des Diplomaten ist schon lange von Idealismus, Freude und Begeisterung bestimmt. Jetzt wollen auch immer mehr Führungskräfte der Wirtschaft Ideale leben und Mitarbeitern Freude und Sinn vermitteln.

Anfang der 1980er-Jahre in Japan beschloss ich, Diplomatin zu werden. Den Moment habe ich noch so präsent, als wäre es gestern gewesen. „Das ist es“, sagte mir eine innere Stimme, „genau das will ich machen!“ Ich war bei einem Empfang in Sapporo dem amerikanischen Generalkonsul und seiner

Ehefrau vorgestellt worden. Die Art, wie die beiden auftraten, das angeregte Gespräch, das wir auf Englisch miteinander führten, die weltoffene und tolerante Lebenseinstellung dieses Diplomatenpaars – all das elektrisierte mich. Ich hatte an der Universität Innsbruck Jus sowie Dolmetsch für Englisch und Spanisch studiert und abschließend in Rechtswissenschaft promoviert. Bereits während meines Studiums war mir klar gewesen, dass ich keinen klassischen juristischen Beruf ergreifen wollte. Als ich die Chance bekam, bei einem japanischen Konzern auf der Chefetage zu arbeiten – als erste und dort bis dato einzige Ausländerin –, sagte ich begeistert zu. Mein Verantwortungsbereich, das Engagement meines Chefs beim internationalen Ski-Verband, drehte sich bereits um interkulturelle Kommunikation. Diese Tätigkeit war, rückblickend betrachtet, ein erster Schritt auf meinem Weg in die Diplomatie. Ich weiß noch, wie ich bei den Olympischen Winterspielen 1984 in Sarajewo als Assistentin und Übersetzerin für die japanische Mannschaft regelmäßig für Verwirrung sorgte: Wer hatte bloß diese junge Frau mit ihren blonden Haaren und blauen Augen in die rot-weiße japanische Funktionärskleidung gesteckt?

Zu der Zeit, als ich durch meinen Chef Yoshiro Ito – der ein großer Amerikafan war – den amerikanischen Generalkonsul und seine Frau kennenlernte, waren Ausländer in der nordjapanischen Großstadt Sapporo so selten, wie man sich das heute kaum noch vorstellen kann. Mehr als einmal liefen kleine Kinder kreischend davon, nachdem sie mich, die Blonde mit den blauen Augen, erblickt hatten. In der U-Bahn war ich oft interessanter als alle Schlagzeilen in den Zeitungen. Auch in dem riesigen Appartement-Hochhaus, in dem ich wohnte, war ich die einzige Nicht-Japanerin – so war das in den Zeiten vor der Globalisierung. In dieser eigenartig fremden und gleichzeitig faszinierenden Umgebung freute ich mich umso mehr, hin und wieder andere Leute aus dem Westen zu treffen. Und dann war es auf diesem Empfang gleich noch ein Generalkonsul! Mit seiner Körpergröße von rund 1,90 Metern, seinem korrekt gescheitelten Haar und seiner etwas schlaksigen Figur kam er mir wie ein „typischer“ Amerikaner der damaligen Zeit vor. Seine Ehefrau wirkte sehr apart und war ebenso dezent wie geschmackvoll gekleidet. Sie war studierte Anthropologin und fasziniert von den Ureinwohnern Japans, mit denen sie sich gerade intensiv beschäftigte. Ein wirklich gutaussehendes und intelligentes Paar, dachte ich. Schnell waren wir lebhaft im Gespräch. Ich genoss es, wieder einmal Englisch zu sprechen, eine Sprache, die mir längst so vertraut war wie eine zweite Muttersprache.

Nachdem wir uns glänzend und mit einem philosophischen Touch unterhalten hatten, luden mich der Generalkonsul und seine Frau in ihre Residenz ein. Dort war es endgültig um mich geschehen. Das wunderschöne Haus mit Garten war so stilvoll eingerichtet und hatte eine dermaßen positive Atmosphäre, dass ich spontan dachte: So möchte ich auch leben! Doch es ging mir keineswegs nur um das Drumherum. Es war eine Anziehung auf allen Ebenen, und je mehr ich darüber herausfand, womit sich der Generalkonsul täglich beschäftigte und was er alles nach Washington berichtete, desto mehr sagte auch mein Kopf, dass die Diplomatie genau das Richtige für mich wäre. Eine vermittelnde Tätigkeit zwischen den Kulturen übte ich ja bereits aus. Ich war Übersetzerin nicht nur im engen, sondern durchaus im weiteren Sinn – ich baute Brücken, schaffte Verbindungen und sorgte für Verständnis. In der Diplomatie schien mir das alles noch viel intensiver und gleichzeitig bedeutender zu sein. Da ging es ja um Weltpolitik, Völkerverständigung, Frieden! Ich erblickte einen tiefen Sinn in der Tätigkeit der Diplomaten und wollte unbedingt Teil ihrer Welt werden. Als ich zurück in Europa war, bewarb ich mich erfolgreich an der Diplomatischen Akademie in Wien. Ich war hoch motiviert, wollte noch viel lernen und war bereit, später überdurchschnittlich viel zu leisten. Dass mit dem Beruf des Diplomaten auch gewisse Nachteile verbunden waren, es beispielsweise nicht so einfach werden würde, eine Familie zu gründen, war mir zwar bewusst, doch das nahm ich in Kauf. Ich hatte meine Berufung gefunden.

Wir bringen Leistung voller Freude – oder unser Job ist der falsche

Eine der hartnäckigsten mentalen „Altlasten" der überkommenen Industriegesellschaft ist der Glaube, dass Arbeit mühsam sei, Freizeit hingegen schön, und Menschen für ihre anstrengende Arbeit mit möglichst viel Geld entschädigt werden sollten. Geld, mit dem sie sich dann in ihrer Freizeit und nach Erreichen des Rentenalters ein „schönes Leben" machen können. Für die Industriearbeiterschaft des 19. und frühen 20. Jahrhunderts mag eine solche Sichtweise beinahe unvermeidlich gewesen sein, das soll an dieser Stelle gar nicht bewertet werden. Doch diese Zeiten sind vorbei! Für die Wirtschaft der Zukunft gelten andere Regeln. Diese Wirtschaft können nur Menschen gemeinsam erschaffen, die innerlich davon überzeugt sind, das Richtige zu tun, und die ihrer Tätigkeit mit Freude nachgehen. Herauszufinden, was einem Freude macht, ist heute der wichtigste von allen Schritten ins Berufsleben. Meiner Tochter, die gerade ihr Studium beendet hat und sich fragt, was sie jetzt tun soll, habe ich nur diesen einen Rat gegeben: Finde heraus, was dir Freude macht! Alle weiteren Überlegungen, etwa ob etwas realistisch ist oder genügend Geld einbringt, sollten an zweiter Stelle stehen. Die Freude beseitigt die größten Hindernisse. Biografien überdurchschnittlich erfolgreicher Menschen sind voller kleiner Wunder und Fügungen – zumindest hat das den Anschein –, die sie trotz aller Hürden doch noch das haben erreichen lassen, woran sie glaubten und was ihnen Freude machte.

Wir können dankbar sein, dass die alte Industriegesellschaft Vergangenheit ist und in unseren Breiten ein Zeitalter der Freiheit angebrochen ist. Niemand schreibt jungen Menschen heute noch vor, wie sie ihr Leben zu gestalten und welchen Beruf sie zu ergreifen haben. Früher gab es autoritäre Vorgaben, manchmal offen artikuliert, manchmal aber auch verdeckt und eher subtil. Die Menschen waren der Überzeugung, dass es im Leben darauf ankäme, die Erwartungen anderer zu erfüllen, um gut dazustehen: vor den Eltern, vor den Chefs, vor den Nachbarn oder vor den Vertretern der Kirche. Gar nicht selten wurde die Berufswahl vom Vater diktiert: „Ich bin Metzger – mein Sohn wird selbstverständlich auch Metzger!" Heute sind die meisten Menschen allenfalls „Opfer" ihrer eigenen verinnerlichten Zwänge. Sie glauben, eine bestimmte Erwartung erfüllen zu müssen, doch diese Erwartung steckt letztlich in ihnen selbst und nur sie selbst können diese Erwartung beseitigen. In der jungen Generation haben viele das bereits verstanden. Diese Generation will sich ausprobieren, sie will herausfinden, was Freude macht und zu nichts gezwungen werden. Hin und wieder treffe ich – meistens ältere – Unternehmer und Manager, die hinter vorgehaltener Hand sagen, das sei doch ziemlich egoistisch. Das halte ich für ein Missverständnis. Wenn eine Experimentierphase dazu führt, dass ein junger Mensch entdeckt, was für ihn wirklich einen Sinn ergibt, was ihm Freude und Erfüllung schenkt und womit er sich ein Leben lang beschäftigen könnte, dann ist das gut investierte Zeit. Unvergleichlich schädlicher für die Unternehmen sind all jene Menschen, die sich seit Jahren in Jobs quälen, die ihnen eigentlich gar keine Freude machen. Sie sind nur halbherzig bei der Sache und könnten irgendwann innerlich kündigen oder sogar ausbrennen. Auf solche Leute kann die Wirtschaft der Zukunft gut verzichten, denn sie engagieren sich nicht wirklich für ihre Teamkollegen und für ihre Kunden.

Wer herausgefunden hat, was für ihn persönlich einen Sinn ergibt, der kann sich als ganzer Mensch engagieren und herausragende Leistungen erbringen. Wichtig ist mir zu betonen, dass Sinnstiftung immer eine persönliche und individuelle Erfahrung von Freude und Erfüllung ist. In der gegenwärtigen Debatte zum Thema „Wirtschaft und Sinn“, die ja bereits ganze Bücherregale füllt, fällt mir immer wieder ein Verständnis von „Sinn“ auf, das ich für überzogen und wenig realistisch halte. Bisweilen wird der Eindruck erweckt, unsere Wirtschaft könne erst dann wirklich sinnvoll sein, wenn alle zu Weltveränderern werden und stets höchsten moralischen Idealen folgen. Doch wer „die Welt“ verändern will, rückt seine Aufmerksamkeit schon wieder weg von sich selbst und zurück zu Maßstäben und Erwartungen, die von außen kommen. Die Gefahr von Selbsttäuschung und Selbstbetrug ist groß – wir alle wissen, dass aus so manchem selbsternannten Weltretter am Ende ein großer Unterdrücker geworden ist. Ich plädiere stets für ein gesundes Maß an Opportunismus, weil das einfach realistisch und menschlich ist. Mehr noch, ich bin fest davon überzeugt, dass wir alle nicht nur das Recht haben, dem Weg zu folgen, der uns selbst Freude macht, sondern dass wir allein damit andere Menschen und die Welt insgesamt wirklich bereichern werden. Lassen Sie mich noch einmal einen Blick in die Welt der Diplomatie werfen, um dies zu verdeutlichen.

Warum gilt Diplomat für viele Menschen als Traumberuf? Was macht den Reiz aus? Das Geld kann es am wenigsten sein. Die Bezahlung ist gut, jedoch im Vergleich zu den Verdienstmöglichkeiten bei Investmentbanken oder in Konzernen eher bescheiden. Allerdings werden überdurchschnittlich hohe Anforderungen an den Einsatz und die Leistung jedes Einzelnen gestellt. Was motiviert Diplomaten dazu? Wenn ich mich im Kreis meiner ehemaligen Kollegen umschaue, fallen mir mehrere Aspekte auf. Einmal ist da die Faszination des Fremden. Anders als im Zeitalter der Entdecker und Eroberer können wir zwar heute via Internet innerhalb von Minuten ein Flugticket an nahezu jeden Ort der Welt buchen, doch es ist trotzdem ein großer Unterschied, in Afrika an einer Touristensafari teilzunehmen oder sich als Diplomat in einer Krisenregion bewähren zu müssen. Ehrlicherweise sollte ich anmerken, dass diese „Hardship Posts" nicht gerade beliebt sind und Diplomaten auch nicht mehrheitlich den Typus des modernen Abenteurers verkörpern. Doch selbst wenn die Traumposten unter Diplomatenschülern eher Washington, Paris, London, Moskau oder Peking heißen mögen, spielt der Reiz des Fremden dennoch eine große Rolle. Eintauchen in ein anderes Land, nicht als Tourist, sondern mit voller beruflicher Verantwortung, übt eine große Faszination aus. Bei mir war es dieser Reiz, der mich nach Japan führte, noch bevor ich die Diplomatie für mich entdeckte. Die japanische Sprache zu beherrschen und in bestimmten Situationen ein wenig so zu denken und zu fühlen wie eine Japanerin, war eine intensive Erfahrung. Und dann nicht bloß dort eingetaucht zu sein, sondern Verbindungen zu schaffen in alle Welt – das war für mich Faszination pur.

Eine geringere Rolle als zu früheren Zeiten spielt heute in der Diplomatie der sogenannte Dienst am Vaterland. Dennoch gibt es nicht wenige Diplomaten, die erst im Dienst so eine richtige Begeisterung für das eigene Land entwickeln. Sie sehen ihr Heimatland viel öfter von außen und entdecken daran Qualitäten, die sie früher einfach als selbstverständlich hingenommen haben. Mir ist es selbst so gegangen, dass ich im diplomatischen Dienst zu einer sehr stolzen – jedoch nicht überheblichen – Österreicherin wurde. Nachdem ich lange in Liechtenstein gearbeitet hatte, wurde ich des Öfteren gefragt, ob ich die liechtensteinische Staatsbürgerschaft annehmen wolle. Eigentlich eine Ehre, diese Frage, zumal viele

Menschen gerne Liechtensteiner werden würden und sich bestenfalls mit einem Platz auf der Warteliste begnügen müssen. Sogar die Aufenthaltsgenehmigungen für Liechtenstein werden mittlerweile verlost. So gerne ich in Liechtenstein wohne, kam ein Wechsel der Staatsbürgerschaft für mich nicht in Frage. Ich bin und bleibe Österreicherin und habe mein Land im Ausland stets begeistert vertreten. Wahrscheinlich spielt für die meisten westlichen Diplomaten das Vaterland immer noch eine gewisse Rolle, selbst wenn sie mit befreundeten Staaten natürlich eng kooperieren. In Tel Aviv zum Beispiel war der stellvertretende deutsche Botschafter für mich ein ebenso wichtiger wie angenehmer Ansprechpartner. Wir haben uns oft gefragt, was wir gemeinsam machen können, insbesondere wenn es um Veranstaltungen zum Gedenken an den Holocaust ging. Der Dienst für das eigene Land ist in der Diplomatie nichts Abstraktes, sondern es geht ganz konkret darum, Verantwortung zu übernehmen, nationale Interessen zu wahren und seine Mitbürger im Ausland tatkräftig zu unterstützen.

Eine weitere große Faszination für Diplomaten ist es, die internationale Politik zu beeinflussen. Hinter den Kulissen mitzuwirken, wenn Weltpolitik gemacht wird, ja dabei hin und wieder auch einmal selbst im Rampenlicht zu stehen – das ist für viele elektrisierend. Wer in der Weltwirtschaftspolitik zum Beispiel im Verhandlungsteam für ein Freihandelsabkommen ist, der spürt ganz genau, welche großen Konsequenzen das Verhandlungsergebnis für Menschen auf der ganzen Welt haben wird. Hat das mit Macht zu tun? Selbstverständlich! Mir persönlich war Macht nie wichtig, doch ich halte Macht für nichts per se Schlechtes. Im Gegenteil, es braucht oft einen gewissen Willen zur Macht, um etwas zu erreichen, eine aktive Rolle zu übernehmen, sonst ist man am Ende nur Spielball anderer Mächte. Diplomaten demokratischer Staaten sind sich dabei bewusst, dass ihre Macht immer legitimiert sein muss und insofern geliehene Macht ist. Manchmal höre ich den Einwand, Diplomaten seien doch eigentlich Bürokraten, die gar keinen wirklichen Einfluss hätten. Jedenfalls seien sie nicht zu vergleichen mit Unternehmern, die frei sind, ihre Vision zu verwirklichen. Das mag im Grundsatz stimmen, doch erstens sind auch Unternehmer heute an eine ganze Fülle von Gesetzen, Vorschriften und Normen gebunden und zweitens sieht der politische Alltag in den westlichen Demokratien so aus, dass die Beamten (mit den vielen Fachleuten in ihren Reihen) politische Entscheidungen vorbereiten und dabei gegenüber den Politikern, die letztlich in den Parlamenten abstimmen, oft kein Blatt vor den Mund nehmen. Ohne die Berichte der Diplomaten und ohne die Vorlagen der Experten in den Ministerien wären die meisten europäischen Außenminister im wahrsten Sinn des Wortes ratlos. Die Beamten in der Politik brauchen aufgrund ihres Status nicht wiedergewählt zu werden, deshalb muss ihre Meinung niemandem gefallen. Im Gegenteil, als Sachexperten wird von ihnen erwartet, dass sie Dossiers zur politischen Entscheidungsfindung mit allen Für und Wider möglichst fundiert aufbereiten.

Wenn Sie sich die Gründe anschauen, warum Menschen von der Diplomatie fasziniert sind und unbedingt Diplomaten werden möchten, werden Sie einiges an Idealismus finden: Frieden, Völkerverständigung, Brücken bauen, Zukunft sichern – ja, darum geht es. Genauso viel werden Sie aber auch an ganz persönlicher Freude und Begeisterung vorfinden: Lust auf ferne Länder und fremde Kulturen, Spaß an schönen Umgebungen und einem kultivierten Umgang oder den Reiz, weltpolitische Entscheidungen zu beeinflussen. Genauso ist es nach meiner Erfahrung auch stimmig, und genau das ist eine realistische Grundlage für Spitzenleistung. Sowohl dem reinen Idealisten als auch dem reinen Opportunisten geht oft irgendwann die Luft aus. Dem Idealisten wird an einem bestimmten Punkt schmerzhaft bewusst, dass er selbst mit seinen Bedürfnissen zu kurz gekommen ist. Und beim Opportunisten macht sich eine innere Leere breit, weil ihn das, wonach er gestrebt hat – Macht, Geld oder Prestige – am Ende doch nicht ausfüllt. Das gilt nicht nur für die Diplomatie, sondern für so gut wie jeden Beruf.

Die eigene innere Klarheit gibt Antworten auf die Sinnfrage

Mich hat die Sinnfrage früh im Leben beschäftigt, eigentlich schon in meiner Kindheit und erst recht während meiner Jugend. Ich wollte wissen, wozu das „Drama des Lebens" gut ist. Zwar bin ich in einer intakten Umwelt und in relativem Wohlstand aufgewachsen, doch wurde ich früh mit schwierigen zwischenmenschlichen Beziehungen und schweren Krankheiten in der Familie konfrontiert. Wozu sollte das alles dienen? Bei den etablierten Religionen fand ich nicht die Antworten, die ich suchte. Insbesondere die Predigten in der katholischen Kirche, in denen immer alles auf die menschliche Schuld und letztlich auf die sogenannte Erbsünde zurückgeführt wurde, lieferten mir keine stimmige Erklärung dafür, warum für mich, meine Eltern und meine Geschwister das Leben so kompliziert schien. Ich sehnte mich nach Freiheit, Leichtigkeit und Freude und ließ mir diese Sehnsucht auch von der Kirche nicht nehmen. Erst bei den Indianern fand ich schließlich meine Antworten. Der Sinn liegt für mich heute in der Ganzheit. Wir Menschen sind Teil des Ganzen und entwickeln uns, so wie die Natur sich entwickelt. Die Natur leistet keinen Widerstand gegen das, was geschieht. Wenn wir unsere menschlichen Widerstände aufgeben, kann unser Leben frei fließen. Leichtigkeit und Freude werden möglich. Ich fand meine Antworten bei den Indianern, doch letztlich fand ich sie in mir selbst. Die Indianer haben mir nur dabei geholfen. Immer mehr Unternehmer und Führungskräfte steigen heute zumindest zeitweise aus. Sie verlassen für eine Weile das Hamsterrad der reinen Effizienz- und Gewinnmaximierung. Sie hören für eine gewisse Zeit auf, die üblichen Machtspiele mitzuspielen, und suchen nach Antworten. Die einen finden diese in einem indischen Aschram, andere in einem buddhistischen Kloster und wieder andere bei einem christlichen Orden gleich um die Ecke. Einige finden vielleicht wie ich den Weg zu den Indianern und anderen genügt es, wenn sie sich allein auf eine Berghütte zurückziehen oder einfach zu Hause auf ein Kissen setzen und anfangen zu meditieren. Wo und wie jemand Antworten findet, ist letztlich nicht so wichtig. Gemeinsam ist allen, dass sie einmal aus dem Alltag mit all seinen Zwängen herausgehen, den Blick auf das Ganze richten und beginnen, intensiv zu reflektieren. Es ist ein Weg nach innen, der Weg zur eigenen inneren Klarheit. Egal, ob es der Dalai Lama ist, der Benediktinermönch Anselm Grün, die weise indianische Frau Oh Shinnah Fast Wolf, bei der ich in den USA gelernt habe, oder der ehemalige Puma-CEO Jochen Zeitz, der sich heute für das Thema Nachhaltigkeit engagiert – sie alle sehen Wirtschaft nicht als isoliertes System der Profitmaximierung, sondern als Teil eines Ganzen. Viele Menschen in der Wirtschaft entwickeln gerade eine solche ganzheitliche Sicht. Sie ist Teil der inneren Klarheit, zu der sie gelangt sind.

Als ich nach Liechtenstein zog, um Leiterin der Stabsstelle für internationale Kommunikation und damit de facto Sprecherin der Regierung zu werden, kam ich in ein Land im Umbruch. Beruflich war der Wechsel für mich eine weitere große Chance. Ich konnte echte Pionierarbeit leisten und erstmals eine Kommunikationsstrategie für ein ganzes Land entwickeln, was weltweit ohne Beispiel war. Auch die Nähe zu meiner Vorarlberger Mutter, deren Gesundheit angeschlagen war und von der ich mich deshalb in Wien zu weit weg fühlte, sprach für den Wechsel in das Fürstentum. Einmal angekommen, war meine eigene innere Klarheit noch einmal stark gefordert. Der Umbruch, der sich in Liechtenstein vollzog, hatte mit dem Umgang mit Geld zu tun. Die Idee der Verwaltung großer Vermögen und der daraus erwachsene Finanzsektor hatten die Liechtensteiner einst aus bitterer Armut gerettet. Doch ab einem bestimmten Punkt drohte, wie an allen bedeutenden Finanzplätzen der Welt, das Vermehren von Geld zum Selbstzweck zu verkommen. Es wurde nicht mehr so genau darauf geachtet, wo das Geld herkam und was Menschen damit anstellten. Mir ging es wie wahrscheinlich den meisten, die damals nach Liechtenstein kamen. Am Anfang konnte ich mich der Faszination des vielen Geldes, das hier bewegt wurde, kaum entziehen. Alles war luxuriös und qualitätsvoll, woran ich mich sehr schnell gewöhnte. Ich arbeitete hart und hatte Erfolge. Mich ergriff das Gefühl, einer gewissen Elite anzugehören. Ich pflegte einen Lebensstil, der auch nach außen etwas hermachte. Doch dann kam mir das alles zunehmend fragwürdig vor. Ich spürte, dass all diese äußeren Dinge letztlich innerlich hohl waren. An einen Schlüsselmoment kann ich mich noch sehr genau erinnern. Ich fuhr als Zweitwagen das erste Mini-Cabrio, das in Liechtenstein zugelassen war, dementsprechend drehten viele Leute die Köpfe. Am Steuer dieses schicken Gefährts fragte ich mich eines Tages: Wozu braucht eine alleinerziehende Mutter eigentlich zwei Autos? Ich hatte den starken Wunsch, meine Lebensumstände wieder mehr auf das Wesentliche zu reduzieren, was ich dann auch rasch in die Tat umsetzte. Ich kenne heute viele erfolgreiche Menschen, die ähnliche Erfahrungen machen oder gemacht haben. Aus ihrer inneren Klarheit folgt der Wunsch nach einer äußeren Konzentration auf das Wesentliche. Sie wollen Ballast abwerfen und sich von Dingen trennen, die sich zwar gut vorzeigen lassen, jedoch ihrem Besitzer letztlich nur Zeit und Energie rauben.

Die eigene innere Klarheit gibt die Antworten. Wer sich heute wieder mehr auf die Erfahrung der Natur einlässt, wird vielleicht merken: In der Natur sind die Dinge sehr einfach, auch wenn von außen betrachtet eine kaum überschaubare Vielfalt der Formen und Erscheinungen herrscht. Die Begegnung mit der Natur kann enorm dabei helfen, innere Klarheit zu gewinnen. Das erlebe ich immer wieder bei meinen „Indianer-Seminaren" mit Führungskräften in der Natur. Gerade für Unternehmer und Führungskräfte ist eine innere Klarheit, die zur Reduktion drängt, mehr als ein persönlicher Veränderungsweg. Es ist eine Schlüsselkompetenz für das Management der Zukunft in einer Welt, die scheinbar immer komplexer wird, selbst wenn diese Komplexität manchmal wohl allein im Auge des Betrachters liegt. Die Quantentheorie zum Beispiel erforscht ja gerade das Einfache hinter dem Komplexen und stellt in ihrer radikalen Ausprägung die Existenz einer objektiven Realität sogar gänzlich in Frage. Ganz praktisch ist heute jeder, der in der Wirtschaft Verantwortung trägt, mit dem Thema Komplexität konfrontiert. Angesichts scheinbar unbegrenzter Möglichkeiten fällt es vielen Unternehmen zunehmend schwer, sich zu konzentrieren. Das Motto „Lasst uns von allem ein bisschen tun" kritisierte Peter Drucker bereits in den 1960er-Jahren. Konzentration bedeutet Klarheit und Verzicht. Führungskräfte, die dazu bei sich persönlich nicht in der Lage sind, werden ihr Unternehmen auch kaum in diesem Sinne führen können.

In einem Beitrag für den von Ronald Gleich herausgegebenen Sammelband *Komplexitätscontrolling* schreiben die „Einfachheits-Experten" Dieter und Nils Brandes: „Das wesentliche Hindernis auf dem Weg zur Einfachheit, auf dem Weg zum Wesentlichen, auf dem Weg zur Effizienz sind unklare Ziele. Der Zweck oder der Kunde wird allzu leicht aus dem Blick verloren. Komplex wird es auch, wenn man mehrere und zudem nicht klar definierte Ziele verfolgt. Komplex wird es, wenn Ziele unverständlich formuliert sind. Einfachheit wird unmöglich, wenn unklar bleibt, was erreicht werden soll und warum das gewollt ist." Das *Warum* ist nichts anderes als der Sinn. Sinnvolle Ziele finden Unternehmer und Führungskräfte nicht von außen. Keine Unternehmensberatung der Welt kann ihnen abnehmen, diese zu definieren. Ähnlich ist es mit der Kommunikation sinnvoller Ziele. Führungskräfte können sich dabei unterstützen lassen und lernen, ihre Kommunikationsfähigkeit schrittweise zu verbessern. Doch beginnen müssen sie stets bei sich selbst und kommunizieren müssen sie letztlich auch selbst. Noch einmal Dieter und Nils Brandes: „Vereinfachung ist nur zu erreichen, wenn man bereit ist, etwas wegzulassen, auf etwas zu verzichten und nicht alles zu machen, was möglich ist. Das wichtigste sind: Sinn und klare Ziele."

Antreiber oder Sinnstifter? Was Führungskräfte ändern können

Die überkommene Führungskultur ist eine Macherkultur. Viele Führungskräfte denken über Sinn und Ziele viel zu wenig nach, weil sie im Tun gefangen sind. Sie setzen Mitarbeiter unter Druck, weil sie selbst innerlich Getriebene sind. Auch wenn es formell Strategietage, „Dream days", Coaching-Wochenenden, Seminare in der Natur und dergleichen gibt, bedeutet das noch lange nicht, dass Manager sich für diese Anlässe wirklich Zeit nehmen, innerlich zur Ruhe kommen und zu reflektieren beginnen. Fast jeder Coach, der schon einmal solche Veranstaltungen begleitet hat, kennt wohl jene Teilnehmer, die verspätet anreisen, vor der Schlussrunde wieder abreisen (weil sie vorher und nachher „wichtigere" Termine haben) und zwischendurch jede Minute, in der sie einfach einmal gar nichts tun und nachdenken können, damit verbringen, mit dem Smartphone zu telefonieren oder E-Mails zu beantworten. Beschäftigt sein ist für manche in der heutigen Arbeitswelt wie eine Sucht. Die permanent Beschäftigten sind dabei nicht einmal wirklich effektiv, doch um Effektivität geht es anscheinend gar nicht. Oft scheint der Zwang, der Welt seine Bedeutsamkeit nachweisen zu müssen, Hand in Hand zu gehen mit der Angst vor einer gähnenden inneren Leere, die einen beschleichen könnte, würde man einfach einmal nichts tun und abwarten, was dann passiert. Dabei macht kaum jemand dieser Getriebenen den Eindruck, innerlich erfüllt zu sein und bei seiner Arbeit echte Freude zu erleben. Diese Freude kehrt oft erst wieder, wenn es einmal wirklich gelingt loszulassen.

Die Wiederkehr der Freude habe ich bei Teilnehmern meiner indianischen Seminare, die ich seit einiger Zeit anbiete, schon das eine oder andere Mal erleben dürfen. Es war, als ob eine riesige Last von einem Menschen abfallen würde. Plötzlich merkt jemand, der es längst gewohnt ist, sich allein über seine Tätigkeit zu erfahren und zu definieren: Ich darf ja *sein,* auch wenn ich einmal gar nichts tue. *Ich bin,* unabhängig davon, ob ich schlafe oder esse oder arbeite oder in den Himmel schaue und die Sterne beobachte. Dieser Zustand, dieses Mit-sich-sein-Dürfen führt zu Klarheit. Es wird möglich, mit anderen Menschen ganz neu in den Dialog zu kommen. Während Team-Meetings sich oft durch eine gewisse Vorhersehbarkeit auszeichnen – die Teilnehmer gehen hin und meinen doch schon zu wissen, was „wieder einmal" dabei herauskommen wird –, ermöglicht das *Sein*-Lassen eine ganz andere Form der Kommunikation. Antworten „finden sich" hier ganz automatisch und scheinbar absichtslos.

Ich erlebe es als faszinierend, was allein die alte indianische Technik des *talking stick* bewirken kann. Man sitzt im Kreis und allein derjenige, der den Redestab in Händen hält, hat das Recht zu sprechen. Niemand darf ihn unterbrechen, auch nicht mit Verständnisfragen. Wer den Redestab hat, darf so lange reden, wie er möchte. Er darf aber zwischendurch auch Pausen machen und schweigen. Dann müssen alle anderen ebenfalls schweigen. Wandert der *talking stick* weiter, so ist es unerwünscht, auf Beiträge der Vorredner einzugehen und diese zu bewerten. Alle Teilnehmenden sollen sich ganz auf sich und ihre eigene innere Weisheit konzentrieren, wenn der Redestab bei ihnen ist. Das klingt für unseren westlichen Verstand erst einmal wie eine effektive Technik, wie ein sehr disziplinierter Umgang mit dem Rederecht. Doch es steckt viel mehr dahinter. Das eigentliche Geheimnis des *talking stick* ist die Aufmerksamkeit. Die Gruppe schenkt dem Redenden ihre gesammelte Aufmerksamkeit, ohne seine Worte zu bewerten. Und der Redende nutzt den Stab als Konzentrationshilfe, um seine ganze Aufmerksamkeit nach innen zu richten. Der Redestab und die unterstützende Aufmerksamkeit der Gruppe helfen ihm herauszufinden, was für ihn jetzt in diesem Moment wichtig und wesentlich ist. Das gilt es dann in möglichst einfachen und spontan fließenden Worten mit den anderen zu teilen.

Interessanterweise wird in Unternehmen längst in eine ganz ähnliche Richtung gedacht, wenn es um das Thema Markenführung geht. Ziel der Bestrebungen ist eine Marke mit einem starken Kern, die klar abgegrenzt ist und durch ihre Strahlkraft ganz automatisch Aufmerksamkeit anzieht: „pull“ statt „push“. Manche Führungskräfte beschäftigen sich heute intensiver mit der Klarheit und Anziehungskraft der Marke ihres Unternehmens als mit der eigenen inneren Klarheit und Anziehungskraft. Dabei müssten sie nur das, was sie über Markengestaltung gelernt haben, auf sich selbst anwenden. In Zukunft wird es immer mehr Unternehmen geben, bei denen die Trennung zwischen Mensch und Marke aufgehoben ist: Die Strahlkraft der Marke beruht ganz wesentlich auf der Anziehungskraft der dahinter stehenden Menschen, die innere Klarheit über Sinn und Ziele besitzen, in hohem Maße selbstreflektiert sind und regelmäßig intensiv miteinander kommunizieren. Nicht ein innerer Zwang zum Beschäftigtsein treibt diese Menschen an, sondern die echte Freude an dem, was sie täglich leisten, sowie die Gewissheit, damit für ihre Kunden einen echten Nutzen zu stiften. Bereits heute gibt es zahlreiche Vorreiter – Unternehmen, die ausgetretene Pfade verlassen haben, intensiv über den Sinn ihres Tuns reflektieren und neue Führungsmodelle entwickeln, die auf einem intensiven Dialog sämtlicher Mitarbeiter basieren.

Von einigen Unternehmen, die erfolgreich neue Wege gehen, habe ich in diesem Buch bereits berichtet. Ein weiterer solcher Vorreiter ist in meinen Augen der Tee- und Gewürzhändler Sonnentor aus dem Waldviertel in Niederösterreich. Das im Jahr 1988 von Johannes Gutmann gegründete Unternehmen vertreibt ausschließlich Naturprodukte aus biologischem Anbau. Mit einem Marktanteil von rund 50 Prozent ist das Unternehmen österreichischer Marktführer im Bereich des Biofachhandels mit Kräutern, Tee und Gewürzen und steht in Deutschland in dieser Produktgruppe auf Platz drei. 150 Bio-Kräuterbauern aus der Region beliefern den Betrieb und bewirtschaften dafür ungefähr 500 Hektar Land. Die Marke Sonnentor ist mittlerweile so beliebt, dass es sich für das Unternehmen lohnt, eigene Geschäfte zu betreiben. Im Jahr 2015 waren es 21 Filialen in Österreich, Deutschland und Tschechien. In Graz zogen die Bioprodukte mit dem Logo der lachenden Sonne in ein Ladengeschäft in Top-Lage, das vorher Nespresso beherbergte. Das Unternehmen hat bekennende Fans, verschickt einen Newsletter mit nützlichen und lesenswerten „Geschichten“ an seine Kunden und druckt eine Kundenzeitschrift namens „Freunde“ für die Freunde der Marke. Was steckt hinter diesem enormen Erfolg? Zunächst einmal der Unternehmer Johannes Gutmann, der über sein Tun durch und durch reflektiert scheint und klare Standpunkte einnimmt. Zu seiner Mission sagte er in einem Interview: „Wir bleiben am Boden, im Wissen, dass es keine zweite Erde gibt. Ich glaube, dass das die Zukunft von Bio ist: der ehrliche, einfache, authentische Weg." Sonnentor hat Erfolg, obwohl die Firma vieles anders macht als alle anderen. Johannes Gutmann ist kein Antreiber, sondern ein Sinnstifter. Er glaubt an eine besondere Idee und entwickelt diese gemeinsam mit seinen Mitarbeitern ständig weiter. Um den ökonomischen und politischen Mainstream kümmert er sich einfach nicht. Obwohl Gutmann offiziell Mitglied im Wirtschaftsbund der ÖVP ist, hält er von den etablierten politischen Parteien und ihren überkommenen Rezepten schon lange nichts mehr: „In deren Politikverständnis ist es ja nicht State of the Art, einem anderen zu sagen: ‚Hey, du hast eine gute Idee, ich finde das toll!' Stattdessen wird hingehaut und draufgetrampelt. Da muss jeder wie in der Sandkiste den Kuchen vom anderen zerstören und sagen: Bäh, meiner ist schöner! Solange man sich aber gegenseitig nichts gönnt, wird nichts entstehen." Dass wirtschaftlicher Erfolg auch ohne Konkurrenzdenken, Verdrängungswettbewerb und kurzfristige Gewinnmaximierung möglich ist, beweist Sonnentor schon seit Jahrzehnten. Statt die Einkaufspreise zu drücken wie so viele andere, zahlt das Unternehmen seinen Lieferanten freiwillig anständige Preise, von denen diese gut leben und in ihre Höfe investieren können. Die Überlegung dahinter: Wem es gut geht und wer ausreichende Betriebsmittel hat, der liefert auch überdurchschnittliche Qualität ab. Gute Qualität wiederum bedeutet für das Unternehmen, zufriedene Kunden zu haben, die gerne höhere Preise zahlen als beim Discounter. So einfach kann Wirtschaft sein!

Zum Unternehmen Sonnentor und seiner Philosophie passt, dass es dort inzwischen ein ungewöhnliches Führungsmodell gibt. Wer glaubt, der charismatische Unternehmer Johannes Gutmann würde am liebsten alle

Fäden in der Hand halten, sieht sich getäuscht. Längst führen die Mitarbeiter das Unternehmen selbst. Gutmann trägt die letzte Verantwortung und legt in Ausnahmefällen sein Veto ein. Doch auf der anderen Seite trägt er Entscheidungen der Mitarbeiter mit, die er selbst anders getroffen hätte. Hier arbeiten Menschen gerne, auch weil Fragen über Sinn und Ziele geklärt sind. Sonnentor ist sicherlich ein Nischenanbieter, doch das bedeutet nicht, dass neue Formen des Wirtschaftens nur in der Nische funktionieren würden. Ebenso setzt der europaweit agierende deutsche Handelsriese DM-Drogeriemarkt mit über 50.000 Mitarbeitenden und rund acht Milliarden Euro Umsatz im Jahr auf eigenverantwortliche Entscheidungen in den Filialen. Bereits die Auszubildenden lernen, viel Verantwortung zu übernehmen. Höhepunkt der Ausbildung bei DM ist die komplette Leitung einer Filiale allein durch Auszubildende über mehrere Wochen. Die angestammten Mitarbeiter der betroffenen Filialen werden während dieser Zeit an anderen Standorten eingesetzt.

Eine neue und bessere Wirtschaft ist nicht nur möglich, sie hat längst begonnen. Bei zahlreichen Führungskräften erlebe ich ein ausgeprägtes Bedürfnis, eigene Ideale zu leben, aus dem Mainstream des hergebrachten Konkurrenzdenkens auszubrechen und eine Kultur des Miteinanders zu leben. Nicht wenige Verantwortliche im Business erleben jedoch täglich Sachzwänge, die dem scheinbar entgegenstehen. Ich kann allen nur Mut machen, neue Wege zu gehen und sich den Widerständen, die es zweifellos noch gibt, zu stellen. Selbstreflexion, Bewusstheit und offene Dialoge sind die Schlüssel, um bestehende Grenzen schließlich zu überwinden. Wenn ich Menschen, die sich für eine neue Wirtschaft stark machen, in diesem Buch einige nützliche Anregungen aus der Diplomatie mit auf den Weg geben konnte, dann würde mich das freuen. Gute Kommunikation, die Brücken zwischen Menschen baut, ist heute wichtiger denn je.

Nach meinen Jahren als Sprecherin für die liechtensteinische Politik kehrte ich eines Tages mit einem eigenen Vortrag auf die öffentliche Bühne des Fürstentums zurück. Mein Thema als Vortragende war dasselbe, über das ich auch dieses Buch geschrieben habe: Wie ist wirtschaftlicher Erfolg auf sanfte, kooperative Weise möglich und inwiefern kann sich die Wirtschaft der Zukunft von der Diplomatie inspirieren lassen? Während ich redete, sah ich in den Reihen viel Kopfnicken. Auch im Anschluss an meinen Vortrag erhielt ich große Zustimmung. Doch einige blieben skeptisch. Ich kam mit zwei Damen ins Gespräch und ahnte rasch, wie sehr sie in einem Alltag gefangen waren, der sich noch ganz in einem herkömmlichen Wirtschaftsverständnis abspielte. Konkurrenzdenken und harter Wettbewerb bestimmten offenbar das Handeln ihrer Unternehmen und Wertschätzung schien ein Fremdwort zu sein. Diese Damen sehnten sich nach einem anderen Stellenwert des Menschen in der Wirtschaft, nach einer längerfristigen, mehr das große Ganze berücksichtigenden Geschäftspolitik und nach einem sanfteren Umgang mit Ressourcen. Sie schienen jedoch überzeugt, Teil eines Systems zu sein, das sie ohnehin nicht ändern könnten. Das wollte ich nicht unwidersprochen stehen lassen.

Wir alle können einen Unterschied machen, Tag für Tag, jeder Mann und jede Frau an seinem und an ihrem Platz. Es beginnt mit dem festen Glauben, dass es auch anders geht, als wir es bisher gewohnt sind. Es treten nur die Dinge ein, die wir uns vorstellen können. Als Nächstes kommt der Entschluss, ein Berufsleben nach den eigenen Vorstellungen zu führen und mit gutem Beispiel voranzugehen. Wer mit der eigenen inneren Weisheit in Verbindung geht und den festen Willen hat, anders zu leben als bisher, dem tun sich Türen auf. Das habe ich immer wieder beobachtet. Ich habe beide Damen bestärkt, ganz bei sich selbst zu bleiben und mit ihrem Handeln ein wichtiges Puzzlesteinchen zu sein, das die Arbeitswelt ein wenig freudvoller gestaltet. Ich erzähle diese Geschichte am Ende meines Buchs, weil ich davon überzeugt bin, dass jeder Einzelne einen Beitrag leisten kann. Männer und Frauen jeden Alters, egal in welcher Position und mit welchen formalen Befugnissen, können etwas verändern, einfach, indem sie ganz bei sich selbst sind und sich selbst leben. Für jeden Menschen gibt es eine geeignete Arbeit, die ihn mit Sinn, Stolz und Freude erfüllt. Wir haben die Freiheit der Wahl – nehmen wir die Wahl an? Haben wir den Mut und die Geduld? Mit der herkömmlichen Art des Wirtschaftens und der Politik sägen wir immer mehr an dem Ast, auf dem wir sitzen. Doch niemand zwingt uns, an der Arbeitswelt unserer Eltern und Großeltern länger festzuhalten. Genauso wenig sind wir gezwungen, Politiker zu unterstützen, die auf nationale oder ökonomische Egoismen setzen und mit fahrlässigen Provokationen den Frieden gefährden. Es klebte einmal am Heck eines geparkten Autos ein Aufkleber, auf dem in großen Buchstaben stand: „Einer allein kann ja doch nichts machen." Erst wer näher an das Auto herankam, konnte die kleingedruckte Unterzeile lesen: „Sagen Millionen."

Ich bin der festen Überzeugung, dass es Millionen Menschen gibt, die sich eine andere Wirtschaft wünschen. Und ich bin voller Hoffnung, dass eine solche Wirtschaft möglich ist. Eine Wirtschaft für Menschen, in der alle mit Freude arbeiten und sich wohlfühlen. Eine Wirtschaft, in der wir trotzdem – oder gerade deswegen – unser Potenzial ausschöpfen und Großartiges leisten. Eine Wirtschaft, in der wir gesund bleiben und uns an einer intakten Natur erfreuen können. Ich habe nicht nur die Hoffnung, dass eine solche Wirtschaft möglich ist. Ich glaube, dass dies sogar die einzige Möglichkeit sein wird, in Zukunft erfolgreich und nachhaltig zu wirtschaften. Der beste Zeitpunkt, sich in diese Zukunft auf den Weg zu machen, ist jetzt.

Anhang

Die Autorin

Dr. iur. Gerlinde Manz-Christ, MBA, ist Juristin, Diplomatin und Wirtschaftsexpertin. Nach vielen Jahren im diplomatischen Dienst für Österreich und zuletzt als Leiterin der internationalen Kommunikation und Regierungssprecherin des Fürstentums Liechtenstein, widmet sie sich heute mit Herzblut der „Business-Diplomatie" und berät Unternehmen schwerpunktmäßig in den Bereichen Kommunikation und Krisenprävention. Sie lehrt als Dozentin an der Universität Innsbruck und an der Diplomatischen Akademie Wien. Eines ihrer Spezialgebiete ist Public Diplomacy, die Öffentlichkeitsarbeit von Staaten im Ausland.

Aus ihrer Karriere als Spitzendiplomatin verfügt Dr. Gerlinde Manz-Christ über einen reichen Schatz an Erfahrungen. Als Presse- und Kulturattaché Österreichs in Israel erlebte sie den Abbruch der Beziehungen beider Länder während der Amtszeit von Bundespräsident Waldheim. Am Generalkonsulat in New York war sie anschließend mit hitzigen Debatten um das Erstarken von Jörg Haiders FPÖ und das österreichische Restitutionsgesetz von 1996 konfrontiert. In Liechtenstein leitete sie schließlich den Krisenstab während der Steueraffäre mit Deutschland.

An der Schnittstelle von Business und Wirtschaft arbeitete die Autorin erstmals intensiv, als sie für Liechtenstein die weltweit erste Kommunikationsstrategie für einen gesamten Staat konzipierte. Nach dem Erwerb ihres MBA an der TU München stieg sie sukzessive in die Unternehmensberatung ein. Als „Diplomatin für Wirtschaft und Politik" ist es heute Teil ihrer Mission, ihre Erfahrungen aus der

Diplomatie Unternehmen zugänglich zu machen, um dort die Kommunikation zu verbessern, Konflikte zu lösen und Win-win-Situationen zu schaffen.

Dr. Gerlinde Manz-Christ eine international gefragte Keynote-Speakerin und bietet Seminare und Beratung zu strategischen Kommunikationsthemen in erfolgreichen Unternehmen der Zukunft.

www.manz-christ.com

Quellen- und Literaturverzeichnis

Bill Clinton: *Mein Leben*. Econ, 2004

N. N.: „Peinliche US-Geheimprotokolle über deutsche Politiker". bild.de, 29.11.2010

Marcel Amrein: „Schwedische Lobby-Arbeit für den Gripen". nzz.ch, 29.04.2014

Julia Frese: „Die Nuancen der Diplomatie". weser-kurier.de, 01.12.2013

N. N.: „Gewinneinbruch nach Rückzug aus Deutschland". handelsblatt.com, 20.03.2012

Jeremy Rifkin: *Die dritte industrielle Revolution. Die Zukunft der Wirtschaft nach dem Atomzeitalter.* Campus, 2011

N. N.: „The 25 Most Annoying Business Phrases". askthemanager.com, o. D.

Philip Kotler, Hermawan Kartajaya und Iwan Setiawan: *Die neue Dimension des Marketings: Vom Kunden zum Menschen*. Campus, 2010

N. N.: „Postchef Zumwinkel: Eine mediale Hinrichtung". wdr.de, 25.01 2014

Woody Mues: „Facebook: Gläserne Nutzer, nebulöser Konzern". cicero.de, 27.10.2011

N. N.: „Vertrauen der Österreicher in die Politik von 2011 bis 2014". de.statistica.com, o. D.

N. N.: „In jedem Manager steckt ein bisschen Middelhoff". stern.de, 19.11.2014

N. N.: „Bundesanwalt wird in Borers Kasachstan-Affäre aktiv". tagesanzeiger.ch, 23.01.2015
N. N.: „Dann halt mit eigenem Eurokurs". tagesanzeiger.ch, 23.01.2015
Paul Widmer: *Diplomatie. Ein Handbuch.* Verlag Neue Zürcher Zeitung, 2014
Sebastian Musolf: „Kriminologe Pfeiffer: Geiselnehmer ‚unter ganz massivem Stress'". augsburger-allgemeine.de, 19.08.2013
Ilona Bürgel: *Die Kunst, die Arbeit zu genießen. Erfolg und neue Lebensfreude im Job.* Kreuz Verlag, 2014
N. N.: „Minister in der Economyclass". tagesanzeiger.ch, 05.02.2015
Florian Rötzer: „Verwanztes Flugzeug des chinesischen Präsidenten". heise.de, 19.01.2002
Ulrich Wickert: „Warum reichten sie sich die Hand?". faz.net, 25.09.2009
David Gelernter: „Wie wir mit unserem Leben in Verbindung bleiben". faz.net, 01.03.2010
Dieter Georg Herbst: „China als Entwicklungsland in Social Media?" prof-herbst.de, 06.09.2014
Nelson Mandela: *Der lange Weg zur Freiheit. Autobiographie.* S. Fischer, 1993
Matthias Horx: *Das Megatrend-Prinzip. Wie die Welt von morgen entsteht.* DVA, 2011
John Carlin: *Der Sieg des Nelson Mandela. Wie aus Feinden Freunde wurden.* Herder, 2008
Interview mit Michael Hilti: „Es darf keine Primadonnen geben". handelsblatt.com, 27.12.2005
Henry Mintzberg: „Community-ship is the answer". ft.com, 23.10.2006
Angelika Heissenberger: „Anders führen". *Report Plus* 02/2015, S. 12 ff.
Herbert Strobl: „Führen spüren!" *Report Plus* 02/2015, S. 15
Heike Bruch und Sabine Proralla: „Wie Hilti über Generationen gute Führung garantiert". *Harvard Business Manager* März 2009, S. 88 ff.

N. N.: „Prinz George entzückt bei Besuch im Zoo“ appenzellerzeitung.ch, 20.04.2014

Thomas Kielinger: „Miss Bahamas schwärmt für Prinz Harry – ‚He’s hot‘“. welt.de, 07.03.2012

Dieter Brandes und Nils Brandes: „Von der Komplexität zur Einfachheit“. In: Ronald Gleich (Hg.): *Komplexitätscontrolling*. Haufe, 2013

Klaus Höfler: „Sonnentor-Chef Gutmann: ‚Wie der Asterix‘“. kleinezeitung.at, 17.03.2015

Wikipedia-Artikel „Camp-David-Abkommen“, „Camp David II“, „Nationalratswahl in Österreich 1999“, „Nationalratswahl in Österreich 1994“, „Hilti“, „Arabischer Frühling“, „Foxconn“, „Liechtensteiner Steueraffäre“, „Klaus Zumwinkel“, „Julian Assange“, „Woodrow Wilson“, „Oslo-Friedensprozess“, „Konflikteskalation nach Friedrich Glasl“, „Paul Nitze“, „Colombey-les-Deux-Églises“, „Mohammed Dschawad Sarif“, „Brigitte Zypries“, „Google Inc.“, „Eric Schmidt“, „Sonnentor“